毛

生命と進化の立役者

稲葉一男

光文社新書

はじめに

私たち人類（ヒト）を含め、多くの生き物の体の中には「細胞の毛」があります。この細胞の毛が、実は私たちの命を支えています。もし、細胞の毛がなかったり、きちんと動かなかったりすると、体の臓器の機能が働かなくなり、健康でいられなくなります。このとても小さな、ナノスケール（1ナノメートルは1ミリメートルの100万分の1）の繊細な毛が、私たちの体を正常に保っているだけでなく、この地球上の生物の進化や、その生物たちがいる自然環境を支えているのです。

いくつか例を挙げましょう。私たちの喉の奥にある気管には、このナノサイズの細い毛がたくさん並んでいます。ヒトは、外気を取り入れて、そこに含まれる酸素を肺で体内に取り込みますが、その外気を取り入れる通路が気管です。外気には異物も混ざっています。その中には病原性のウイルスも含まれ、世界を混乱させている「新型コロナウイルス」もその一つです。気管にある細胞の毛は、そのようなウイルスなどの異物を体外に押し出すように働きます。ウイルスはとても小さなものですが、同じように小さな細胞の毛がたくさん並んで動くことで、ウイルスが体内に入るのを防ぐことができるのです。

また、生物はまわりの環境変化に反応しますが、この反応においても細胞の毛は大いに関係してきます。

近年、「地球温暖化」という言葉を耳にすることが多くなっています。地球温暖化は、人間の経済活動によって排出された二酸化炭素などの温室効果ガスが原因だと考えられています。平均気温がわずかに高くなるだけの現象に見えるかもしれませんが、地球温暖化が進めば、多くの生き物が暮らす海の水温を上げることになります。また、空気中の二酸化炭素を吸収することで、海が酸性化してしまうことにもなります。

このような環境の変化に、繊細な細胞の毛は何らかの影響を受けると考えられます。その影響がどれくらいなのかはまだわかりませんが、もし大きな影響であれば、細胞の毛が正常に働かなくなり、今の海の生物の多様性は失われることになるかもしれません。その危険性は大いにあると指摘されています。

私たちは、実に多くの生き物や自然、それらが作り出す環境に依存して生きています。そして、その生き物や自然はミクロの世界で支えられているのです。本書で伝える細胞の毛は、そんなミクロの世界が地球環境を育んでいることを知るきっかけを与えてくれます。このナノサイズの毛がどのような機能を持っているか、どのような構造をしていて、どのようなメカニズムで動くのか。また、この細胞の毛が生物の進化にいかに深く関わってきたのか。それらを知れば、きっと驚かずにはいられないでしょう。

私が細胞の毛の研究をはじめてから、すでに30年以上が経ちます。魚捕り、虫捕りが好きな私が、一見マイナーに見える細胞の毛の研究をこれだけ長い時間続けているのは、たまたま大学院の研究テーマとして出会った偶然もあります。しかし、細胞の毛の「構造」や「動き」を見ていく中で、それが生命の不思議を感じさせる多くの魅力を持っていることがわかりました。それが、私の〝科学心〟をくすぐったのです。

細胞の毛を知ることは、私たちに新たな生命観を与えてくれます。私たちが目にする生き物をよく見れば、それは目には見えない細胞の毛のようなミクロのものから出来上がっているとわかるでしょう。そのミクロの世界からマクロの生き物や自然環境を見たとき、今までとは異なった視点を得ることができるはずです。

そのような生物のミクロの世界の精巧さを、細胞の毛を通して知ってほしいと思い、本書を書きました。皆さんの体のいたるところにあるにもかかわらず、ふだんあまり意識されない「細胞の毛」の魅力について知っていただきたいと思います。また、細胞の毛のことをまったく知らなかった皆さんが本書を読んで、この構造から四方八方に広がる世界を垣間見ていただけたらうれしく思います。

毛　生命と進化の立役者　目次

第2章　体内の毛なしに生きられない……63

第6章　細胞の毛は環境問題につながっている……227

第1章

孤独な戦士「精子」

1・1　体を離れる単細胞

細胞の毛とは

私たちには髪の毛、胸毛、すね毛、鼻毛、耳毛など、体にいろいろな毛が生えています。目に見えて目立つので、私たちは何かと気にしてしまいます。しかし、目に見えないために、普段目立たず気にもされない毛があります。それが「細胞の毛」です。

「細胞の毛」とは「鞭毛《べんもう》」とか「繊毛《せんもう》」と呼ばれる、細胞から生えている小さな毛状の構造です。精子やゾウリムシが活発に動き回るのに必要なのが細胞の毛です。単調に動いているだけでなく、止まったり、活発になったり、方向を変えることもできます。私は、小さな毛が高速で波打って動く様子を見ると、生命のエネルギーを感じないではいられません。

この体内の細胞の毛の中で、わりと知られているのは、気管にある細胞の毛でしょう。空気中の細菌やウイルスが体に入ってきたときに、それらを追い出そうと、気管でさかんに動いている繊毛の映像をテレビのコマーシャルなどで見たことはないでしょうか。

この細胞の毛を動かすには、水分が必要です。細胞の毛は水の中にいるときこそ、動くことができます。だから、乾燥する時期は、部屋の湿度などを上げたりマスクなどをして気管を潤しておくことが重要になります。十分な水分があってこそ、繊毛は最大限に力を発揮することができ、空気中から入ってきた細菌やウイルスを追い出してくれるからです。また、うがいが推奨されるのも、口内や喉を洗い流してきれいに保つ以外に、喉を潤して気管の繊毛のまわりの水分を保つ意味があります。

この毛の研究が進んでくると、細胞の毛が私たちの体のあらゆる臓器に存在し、病気にも深く関わっていることがわかってきました。運動する能力を捨てて、周りの環境を受け取るセンサーとして働く繊毛もあります。もちろん、海や川など、水の中で暮らすほとんどの生き物の営みに大切な存在です。さらに、この毛は、単細胞の頃から私たちヒトに至る生命の進化の鍵を握っているかもしれないこともわかってきました。

サイエンスは身近にある

本題に入る前に、私個人のことを少し話させてください。

私は、山梨県の南部町という田舎町で生まれ育ちました。幼少時代は、弟や近所の子どもたちと山や川、田んぼで、動物や植物をとることに明け暮れていました。毎日が発見でした。これらの生き物の美しい姿を見ると、いまでもワクワクしてしまいます。また、まわりには外灯がほとんどないところでしたので、美しい夜空の星を見ながら、宇宙にも思いを馳《は》せていました。

この地球で目にする自然は、実に美しく、私たちに感動を与えます。

それらの美しさの奥にあるものは何でしょうか。それを考えると、さらに先にある見えないものを見たいという気持ちが生まれます。

何かを不思議に思う気持ち、それはサイエンスのはじまりかもしれません。「鳥はなぜ飛ぶの？」「魚はなぜ水の中で平気なの？」「他の星には生き物はいるの？」――。

こうした疑問は、皆さんが子どもの頃に抱くごく普通の疑問です。この疑問、それを知りたいワクワク感、ドキドキ感からサイエンスは生まれます。だから、サイエンスは皆さんのすぐ身近にあるのです。

見えないものを見ようとするのは、科学者だけではありません。

私は小さい頃から釣りが大好きです。それは水の中が見えないために、あれこれ考えたり、想像したりするのが楽しいからでしょう。魚の反応を考えながら仕掛けを工夫するのも楽しいですし、釣りのときの魚信（魚のアタリ）の出方も面白いです。掛かったときのやり取りは最も興奮する瞬間です。

どうしてそれほど興奮するのか。それは、餌を投入しても魚がどのような反応をしているのかが見えないからです。見えないものをあたかも見ているかのように想像するのが楽しいのです。釣りだけでなく、芸術でも歴史学でも音楽でもなんでも、アプローチするときから結果を得るまでのステップは、すべて共通でワクワクします。

本書のテーマである細胞の毛も、普通は見えません。細胞ですら小さな存在なのに、そこに生えている毛なんて、肉眼で見るのはとうてい無理です。しかし、顕微鏡が発明され、細胞や小さな生き物が見えるようになりました。顕微鏡の下で激しく動いている小さな生き物を見たら、「何が、どのようにして動いているのだろう」という疑問が生まれます。それが、小さな世界をのぞいてみたいというきっかけになるのです。

小さな世界をのぞくと、これまで目にすることがなかった新しい形が見えてきます。生物の形を作っている分子を調べると、分子にも面白い形があることがわかります。それらが集まって、また面白い形を作り出します。このように、知りたいという気持ちは、さらに分子から原子、量子、ついには数学の世界までいきつきます。形の意味はなんだろうかと考えると、今度は働きを知りたくなります。そして、働きの持つ意味を考えると、分子から細胞、細胞から組織や個体、さらには行動や生態系、地球まで、逆方向の世界も広がっていきます。

精子の使命

まず、本書で伝えたいことを書くとすれば、それは「細胞の毛」なしに我々は生きられないということです。我々というのはヒトだけではありません。同じ地球上で一緒に住んでいる他の生き物、ほぼすべての生き物のことです。そもそも、細胞の毛がなかったら、生き物の多くは存在していないでしょう。ヒトもそうです。なぜなら、もともとは、生殖を含め、細胞の活動のほとんどが細胞の毛に依存していたからです。

本書では、細胞の毛については、精子の話から始めたいと思います。細胞の毛を研究してきた私から見ると、精子はまるで細胞の毛を持った「孤独な戦士」のように見えるのです。精子は、生殖に必要なオスの生殖細胞です。オスの遺伝情報をメスの卵細胞に届けるのが精子の最大かつ唯一の使命です。

　数ある細胞の中で、体から離れて働くことを運命づけられた細胞は、我々ヒトなどの哺乳類では、精子だけです。細胞にとって、体内は心地のよい環境で、それぞれの細胞はそこで必要な水分や物質を安定的にやり取りしながら、それぞれが担っている役割を果たしていきます。しかし、精子は体の外に出て、体内とはまったく異なる環境に入っていくのです。細胞から見れば、そこは危険に満ちた戦場のような場所と言ってもいいでしょう。そんな場所に放り出されて、メスの卵細胞を目指して命がけで駆け抜けようとするのが精子であり、まさに孤独な戦士です。

　この戦士が持つ唯一の武器こそ、細胞の毛である「鞭毛」です。これは細胞膜が変形したもので、精子はこの細胞の毛だけを頼りに、危険に満ちた環境に飛び込み泳いでいきます。もし、あなたが精子のパイロットだったら、この細胞の毛に感謝しないではいられないでしょう。エンジンであり舵《かじ》でもある細胞の毛が動くことで目的地を目指すことができるからです。さらに、もしあなたがこの精子のエンジンと舵を点検できるメカニックだったら、そのメカニズムを見る度に感動しないではいられないでしょう。1マイクロメートルよりも小さいナノスケールの世界に、どうしてこんな精巧な仕組みが存在し得るのかと、思わず息をのむに違いないと思います。

そのような超微細で高性能なエンジンを載せた精子の中で、過酷な戦場を生き抜き、最初に目的地にたどり着いた精子だけが卵細胞の中に入ることができて、次の命に自分の遺伝子情報を伝えることができます。実は、目には見えない小さな毛が、私たち生き物が次の代へと命を紡いでいくのを左右しているのです。

大量に作られる精子

ここから少し生殖や精子について話したいと思います。細胞の毛の存在がいかに重要かがわかっていただけるでしょう。

生物が新しい個体を作ることを「生殖」といいます。英語でいうと、reproduction となります。re は「再び」、production は「生産」、つまり再生産することです。

生殖の方法はさまざまあります。個体を増やすのであれば、分裂して増やしていくのが、一見、簡単に見えます。しかし、私たちは、ウルトラマンに登場するバルタン星人みたいに分裂して増えることはできません。ヒトを含め、多くの動物、植物にはオス、メスの性があり、精子と卵の受精によって次世代が生まれます。この方法を有性生殖と呼びます。何億もの細胞からできている生物でも、一度、単細胞に戻るリセットが行われるわけです。そして、陸上で暮らしている生物も、被子植物を除き、最初は精子として水の中を泳ぐのです。

体外受精を行う生物は、精子と卵を体の外に放出します。しかし、我々ヒトなど脊椎動物まで含めると、卵は決して外へは出ず、体を離れる細胞は精子のみです。精子が形成される体内の環境から、イオン環境や免疫環境もガラッと異なるところに放り出されるわけです。そのような厳しい環境で、運動して卵を目指します。そのためか、精子の形は、他のどの細胞よりも多様です。また、鞭毛にも、そのような環境に適応した運動調節機能が備わってきました。

有性生殖は、見かけ上区別のつかない2種の細胞が接合する場合（同形配偶子接合）と、大きさや形が違う2種の細胞が接合する場合（異形配偶子接合）があります。形や運動性が極端に異なる場合が、精子と卵です。この二つの結合は受精と呼び、生殖様式を卵生殖といいます。少しあらっぽい見積もりですが、ヒトでは女性が一生のうちに作る卵は５００個になります。それに対して、男性では20兆個となり、圧倒的な数です。精子や卵は減数分裂によって形成されます。このとき、部分的に遺伝子の組み換えが起こることがあります。つまり、同じタイミングで放出された数多くの精子は、どれもまったく同じ遺伝子のセットを持っているわけではないのです。

できる数が圧倒的に多い精子では、それだけ新しい遺伝子の組み合わせを持つことになり、さまざまな環境にも適応できる可能性が生まれます。ということは、精子が進化の鍵を握っているのかもしれません。精子の運動が重要であれば、それに関係する遺伝子を持った精子が受精することになり、次の代に引き継がれます。

もし、環境が変わって多くの精子がうまく運動できない状況が生じた場合、遺伝子が変化して、早く泳いでいく精子が現れたとしたらどうでしょうか。おそらくその精子は、いち早く卵に到達し、受精するでしょう。その遺伝子の変化は次世代に伝わります。つまり、「細胞の毛」は生物が新たな環境に適応するために大いに関係する重要なものなのです。

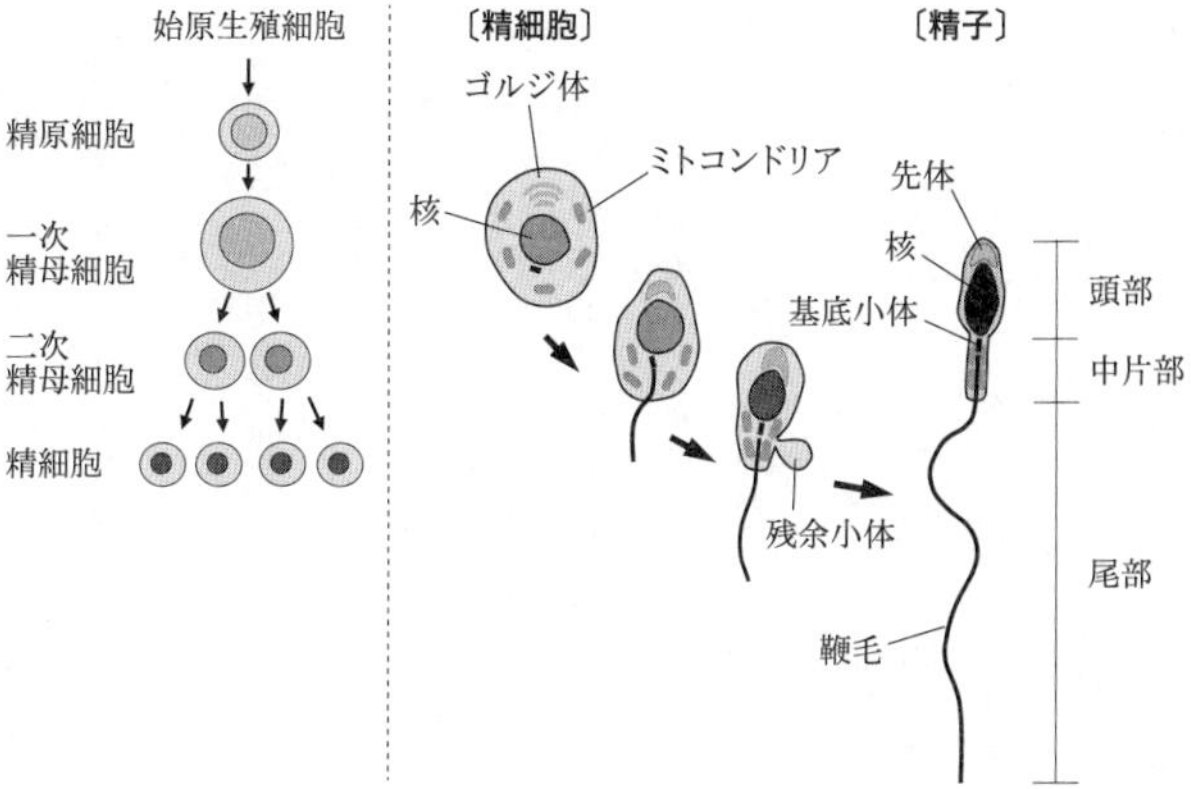

図１・１　精子形成の過程。精細胞から精子になるときには大きな形の変化を伴う。

精子ができるまで

精子がどのように作られるかについても少し説明したいと思います（図１・１）。

精子のもとになるのは始原生殖細胞です。体細胞の系列とは異なる、精子や卵になる細胞群の祖先です。将来、生殖巣が作られるところに移動して、周りの体細胞と協力しながら、オスであれば精巣が形成されます。始原生殖細胞は、分裂によって精原細胞、精母細胞、精細胞を経て精子が完成します。精原細胞の一部は、生殖幹細胞として働き、精子を作り続けます。精母細胞が分裂するところで染色体が半減し、１個の精母細胞から２回の分裂によって４個の精細胞ができます。その精細胞から出来上がった精子は、ふたたび卵と受精し、新たな子孫ができ、その中でまた新たな精子形成が起こります。

精子形成の中で最もダイナミックな形の変化は、精細胞から精子ができるところです。この過程は、「精子完成」あるいは「精子変態」と呼ばれ、核の中のＤＮＡが体細胞のときよりもさらに折りたたまれて、パックされます。

体細胞では、ヒストンという塩基性のタンパク質がＤＮＡと結合して染色体を作っています。この結合は、ヒストンのプラスの電荷と、ＤＮＡのリン酸に由来するマイナスの電荷どうしの結合です。精子の場合には、プロタミンといったさらに塩基性の強いタンパク質が、ＤＮＡを強く折りたたんで小さくします。これにより、精子の頭が小さくなり、効率よく運動できるようになるのです。ミトコンドリアも、体細胞の中にあるものとは大きく変化します（図１・１、前ページ）。

また、卵まで泳いでいくためには細胞をスリムにする必要があります。そのため、精子の頭ができはじめる頃に、細胞の中身、すなわち細胞質も少なくなっていきます。この頃に、細胞の核のそばにある基底小体《きていしょうたい》と呼ばれる構造から鞭毛が作られます。細胞分裂のときに、染色体を引っ張る紡錘体《ぼうすいたい》の中央には中心体という細胞内小器官があります。これは二つの中心子と呼ばれるものからできているのですが、この中心子の周りに付属構造がついたものが鞭毛や繊毛の付け根にある基底小体（図1・1、29ページ）となります。また、精子の鞭毛も、気管など体内にある繊毛も「9＋2」と呼ばれる軸糸《じくし》という構造を持っています。これについては後述します（なお、本書では「中心体《ちゅうしんたい》」という語句が出てきます。一方、細胞の毛の中心を通る2本の管を意味する「中心対《ちゅうしんつい》」という語句も多く出てきます。両者は意味も構造も異なります）。

余談ですが、私たちがホヤを用いて調べたところ、精子の鞭毛と上皮繊毛の成分でかなり違うタンパク質が用いられていることがわかりました。また、マウスを用いて、ある軸糸タンパク質を欠損させた場合、気管の上皮繊毛が正常にできるにもかかわらず、精子鞭毛ができないことがあるということがわかっています。これは、変異を次世代に伝えないための保証機構なのかもしれません。

このように、細胞の毛には、まだいろいろな謎がたくさん残っています。

1・2　精子から生命の不思議が見える

精子が出会う繊毛たち

ここで生き物たちの生殖の工夫をいくつか紹介したいと思います。生殖という生き物の営みには細胞の毛が深く関わっていて、細胞の毛から生殖の不思議に迫ると、とても面白いのです。

まずは精子が作られる精巣の話からはじめましょう。魚類や両生類では、精巣の中には「ロビュール」と呼ばれる袋状のものが多数あり、その中で精子が作られます。ロビュールでは、1個の精原細胞から分裂してできた細胞を包みこむ「シスト」が多数存在します。一方、哺乳類の精巣には、精細管がそうめんのように密に詰まっていて、精細管の外側から内側に向かって精子が形成されます。精子は、その管の中央から、周りの細胞との結合を振り放って出ていきます。

このように排精された精子は、輸出管にある繊毛の運動に助けられながら、精巣上体（医学では副睾丸と呼びます）という管に送られます。精巣上体を通過する間に、動いていなかった精子が成熟し、運動できるようになり、やがて精嚢腺《せいのうせん》や前立腺からの分泌液と混ざります。分泌液は、精液の中で精子をとりかこむ精漿《せいしょう》となり、精子とともに射精されます。

オスの生殖系で最も激しい流れを起こすのは射精のときです。射精は、精巣上体とそれに続く輸精管の壁の筋肉の収縮によって起こります。瞬間的に高速で押し出すためには、繊毛よりも筋肉収縮の方が適しているからなのでしょう。

膣は、精子にとっては厳しい環境です。そこは酸性であり、免疫系も存在します。したがって、射精された精子は、できるだけ早く子宮頸部の粘液層にたどり着かなくてはなりません。運動性の良い一部の精子のみがたどり着けるわけですが、子宮頸部からさらに輸卵管の入り口に到達できる精子の数はそれほど多くないと考えられています。

精子のみの運動にたよらず、メスも精子が卵にたどり着くのを助けています。精子は射精されたあと、子宮から卵管に移動します。このとき、メスの生殖器の中の卵管（輸卵管、ファロピウス管とも呼びます）や子宮上皮にある繊毛は、卵や胚の移動のみならず、精子が子宮や卵管に移動するのも助けているのです。精子は卵管膨大部で受精します。受精卵は胚へと発生しながら、卵管内を通って子宮で着床します。

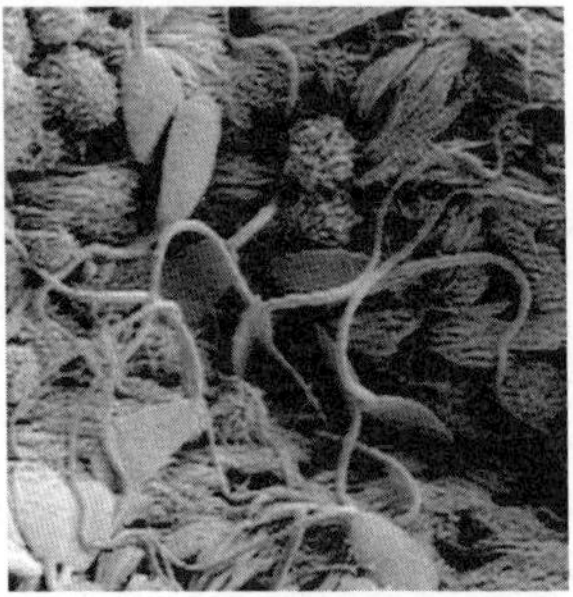
図1・2　卵管上皮の繊毛と結合するウシの精子。画像はスーザン・スアレス博士提供。

また、子宮壁の筋肉運動も、精子が子宮腔を進むのに役立っています。卵管から分泌される液の流れに逆らった運動、すなわち走流性も、精子の輸送に重要です。さらに、卵管の入り口では、精子が一時的に貯蔵されるといわれています。実際、輸卵管上皮の繊毛にトラップされ結合している精子の顕微鏡像も観察されています（図1・2）。ただ、実際に、運動がどうなっているのかはわかりません。排卵が近づくと、運動の活性化も相まって、精子は卵管上皮から抜けだし、膨大部で受精します。

鞭毛運動の活性化

精子の運動は、受精するときに100％活性化するように調節されています（図1・3）。活性化の刺激としては、さまざまなものが知られており、生物によっても異なります。主なものは、カルシウムイオン、ナトリウムイオン、重炭酸イオンなどのイオン類、pH、体温

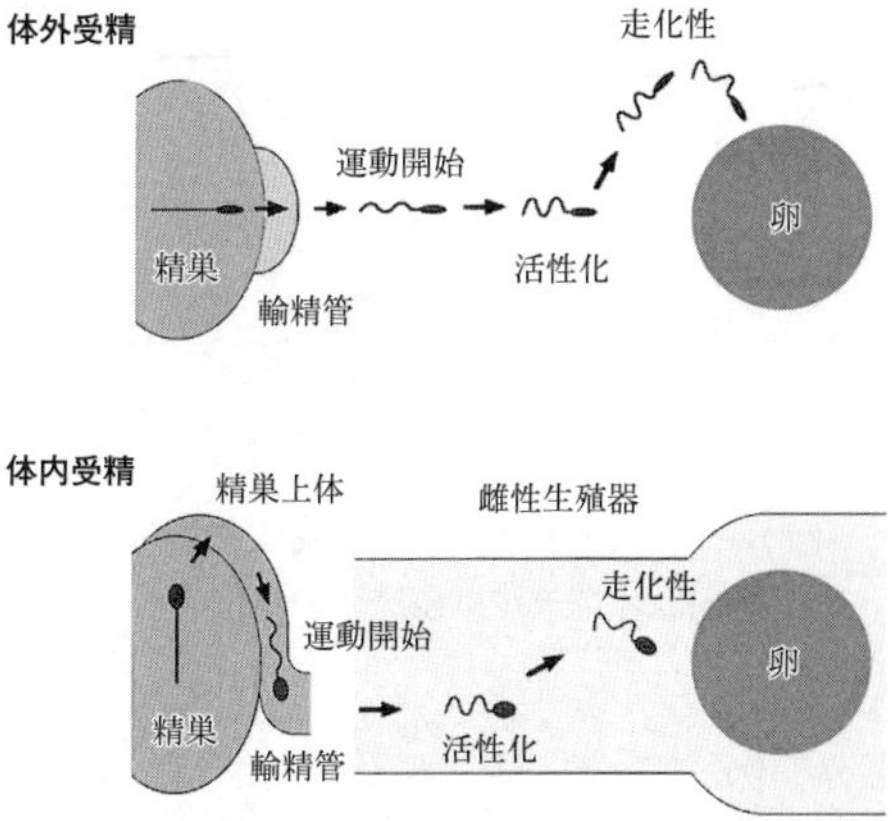

図１・３　精子ができてから受精するまで。

（鳥類）、浸透圧（魚類）、そして種々の化学物質です。

私が精子の運動調節の研究を始めたのは、東京大学の臨海実験所の助手になったときです。私の恩師である毛利秀雄先生の、最初のお弟子さんである森澤正昭博士が臨海実験所の所長でした。森澤博士は、魚類の精子活性化の因子として、浸透圧やカリウムイオン、鞭毛内の因子としてcAMP（環状アデノシン一リン酸：細胞内シグナル伝達に関わる物質で「セカンドメッセンジャー」と呼ばれるものの一つ）を特定するなど、精子の運動調節の分野では草分け的な研究者でした。

私は、臨海実験所のある神奈川県三浦市の三崎でサケ科魚類の精子運動活性化の研究を

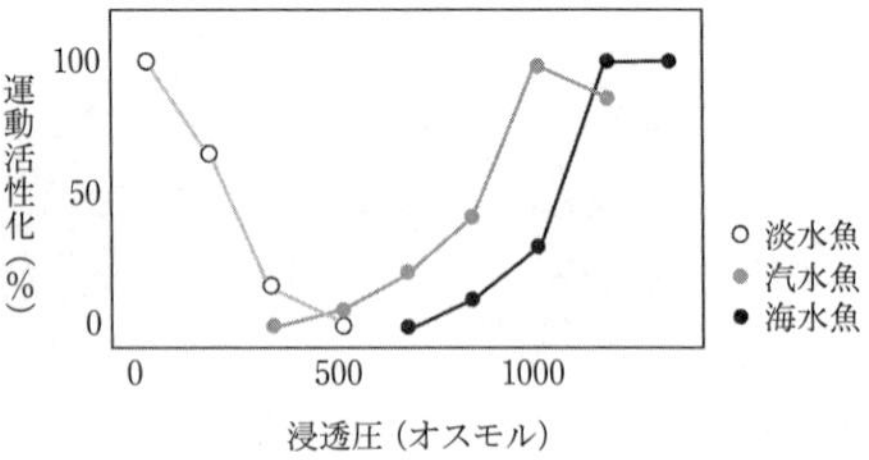

図1・4　淡水魚、汽水魚、海水魚精子の運動活性化の変化。オスモルは浸透圧の単位。

始めることになりました。山梨の忍野《おしの》にある水産技術センターや、岩手県大槌町にある東大海洋研究所の施設にお世話になりながら研究を進め、特に大槌では孵化場の皆さんにお願いして、11月から12月に川を遡上してきたシロザケの精子を採取させてもらいました。

サケ科魚類の精子は、体内ではまったく運動していませんが、淡水に放出された瞬間、運動を開始します。精子の外側のカリウムイオンの減少が引き金になるのです。他の魚類の精子は、ほとんどの場合、浸透圧の変化が刺激となって運動を開始します（図1・4）。

例外もありますが、魚類精子は、運動を開始してから10秒から2分くらいで運動を止めてしまいます。体外受精ではありますが、オスとメスが寄り添って産卵と放精を同時に行うことで、そのような短い時間でも十分に受精ができるようになるからです。

シロザケは、川に入る前は「銀毛」といって銀色に輝いています。川に入る頃になると、赤紫色の縞《しま》模様《もよう》混じりの全体的に黒っぽい婚姻色となります。ブナの木肌に似ていることから「ブナ毛」と呼ばれます。銀毛のサケからとった精子は、淡水に入れても動きません。しかし、そのサケを淡水の人工池にしばらく入れておくとブナ毛に変化し、精子も淡水で動くようになります。これは、輸精管の中のpH上昇と重炭酸イオンと関係があって、銀毛のサケからとった精子でも、重炭酸イオンが入ったアルカリ性の溶液に入れると精子は成熟し、ブナ毛からとった精子のように動くことができるようになります。

哺乳類では、メスの生殖器内に射出された精子の運動は、さらに激しくなります。鞭毛の屈曲は大きくなり、運動も三次元的になります。この変化は「超活性化」と呼ばれます。精子の頭の先端には、先体と呼ばれる小胞がありますが、受精直前に小胞から内容物が放出され、新たな膜表面が露出されます。この表面は卵と結合する部分です。

この先体反応が起こると、運動はさらに激しくなります。超活性化と先体反応が両方とも完了すると卵に受精することが可能になりますので、この一連の反応を受精能獲得（キャパシテーション）と呼んでいます。排卵された卵が近くなると、精子は周囲の化学物質の濃度を頼りにして、さらに卵に近づくのです（走化性）。

卵に向かう精子

多くの動物の精子は、卵への走化性を示します。精子が卵から放出される物質に反応して、運動方向を変えるからです（図１・３、35ページ）。卵はこの物質で精子の鞭毛をコントロールして引き寄せるわけです。これまで、多くの動物で走化性物質がわかっています。

生物の研究で使われるモデル生物の一つであるホヤでは、吉田学博士らの研究によって多くのことがわかっています。吉田博士は、私が三崎臨海実験所の助手に赴任したときに、はじめて一緒に研究した大学院生です。ユウレイボヤやカタユウレイボヤでは、卵から放出される物質によって、運動の活性化と走化性が同時に起きます。この物質を、精子活性化走化性物質（ＳＡＡＦ）と呼びます。この物質は、それまでに知られていなかった硫酸化ステロイドで、卵から放出されたＳＡＡＦが拡散すると、卵を中心に濃度勾配が形成されます。

ＳＡＡＦは精子の「カルシウムポンプ」と結合します。しかし、精子が卵から遠ざかると、それまでカルシウムを汲み出していたカルシウムポンプからＳＡＡＦが離れ、カルシウムが精子内に流入し、鞭毛は非対称波形になり、卵方向にターンします。このようにして、精子はＳＡＡＦが濃い方向を目指して運動するようになるのです（図１・５）。

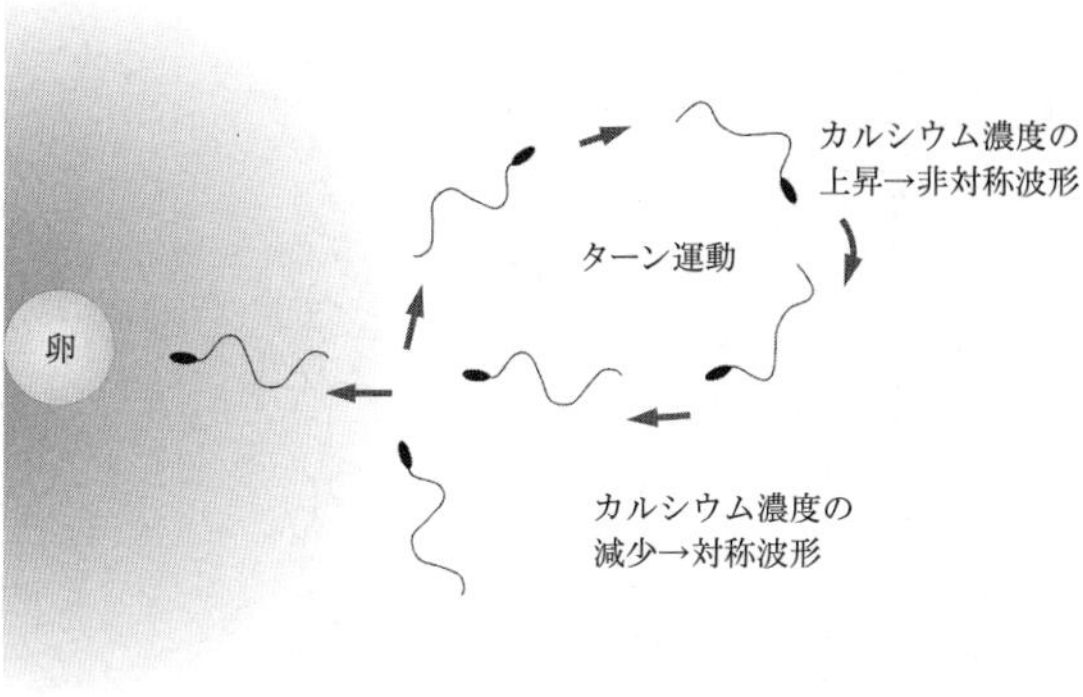

図1・5　ホヤの精子が卵に向かって泳ぐ走化性の仕組み。卵から放出される物質を受け、精子内のカルシウム濃度を変化させることにより鞭毛の波形が変化して卵に近寄っていく。

また、ホヤと同じく発生学などの研究におけるモデル生物となっている海産動物であるウニの走化性物質は、スペラクトというペプチドです。このスペラクトが受容体であるグアニル酸シクラーゼに結合すると、環状グアノシン一リン酸（cGMP）というセカンドメッセンジャーが合成されます。このcGMPにより、カリウムイオンが外側に排出され、細胞膜の電位が上がると、これが細胞内pHとカルシウムイオンの上昇を引き起こし、運動方向が変わるのです。

なお、精子運動の活性化や走化性を引き起こす物質は、生物種によって、低分子有機物質のこともありますし、より大きな分子のペプチドやタンパク質のこともあります。褐藻類の場合は、不飽和炭化水素で、藻類研究者の多くは性フェロモンと呼んでいます。配偶子が受精するときには、走化性、光の刺激に反応する走光性、接触の刺激に反応する接触走性という、運動方向を変化させる三つの性質が複雑に絡んでいます。

1・3　なぜカレイは非対称なのか

カレイ精子の謎

ここで具体的な生き物を例にとって、精子の毛にまつわる研究の話をしたいと思います。カレイ（ヒラメもカレイの仲間）という魚をスーパーなどで見たとき、「なんでこんなヘンな形の生き物がいるんだろう」と思ったことはないでしょうか。実はこの非対称の形、もしかしたら細胞の毛と関係しているかもしれません。まだ、わかっていないことが多いのですが、少し私の研究をお話しします。

私はこれまで、いろんな生物の精子を、誰よりも多く観察してきたと思っています。観察したときには、「よし、これは面白いからもっとやってみよう」と思うのですが、他のことに惑わされてしまうこともあって、手付かずのままになっている研究アイデアもたくさんあります。これらをすべてお話しすることはできませんが、細々ですが長い間続けてきた研究の中から、カレイ精子の鞭毛の話を紹介したいと思います。この研究をはじめてすでに30年が経ちました。長く、ねちこく研究を続けることができているのは、小さい頃からの魚好きと釣り好きがあるのだと思います。

三崎臨海実験所の助手の頃から、釣れた魚が精子を持っている場合には、その精子を冷凍保存して集めていました。一般的とはいえないコレクションです。市場やスーパーマーケットもいろいろまわりました。もちろん、精子を採った後の魚は、いろいろな料理法を試して食べましたので、魚をさばくことや、種類ごとに最も美味しい料理法も身につきました。

さて、私は東北大学の浅虫臨海実験所に助教授として移り、実験所の伝統でもあるホヤの研究を主に進めていました。ホヤもそうですが、もちろん北の魚もたいへん魅力的です。コツコツと、精子コレクションを増やしていきました。助成金を申請しても、なかなか採択されませんので、小規模にコツコツやっていたわけです。

タンパク質の混合液に電気を流し、網目構造を持つゲルの中を移動させると、個々のタンパク質をきれいに分離することができます（電気泳動）。コレクションもたまった頃、精子を構成するタンパク質を電気泳動で調べてみました。すると、面白いことがわかりました。精子のタンパク質は、魚の種類によって少しずつ違うのですが、マコガレイの精子のみに大量に含まれるタンパク質がありました。他の魚の精子には含まれないタンパク質です。

他のカレイ類もやってみようと、青森や釜石でサンプリングしたマガレイ、マツカワ、ホシガレイの精子を調べたところ、やはりこのタンパク質が多量に含まれていました。タンパク質はアミノ酸（生物の体を作るタンパク質は20種類のアミノ酸で作られる）という物質がつながってできています。アミノ酸配列を調べたところ、このタンパク質は「炭酸脱水酵素」という二酸化炭素の代謝に関係する酵素でした。

同じ頃、興味深い学会発表がありました。それは、精子運動の研究者で前からよく知っていたフランス・ヴィルフランシュ臨海実験所のジャッキー・コソン博士の研究です。彼も多くの魚類の精子を比較していたところ、フランス料理ではよく用いられるターボットというカレイの精子の運動が息を吹きかけると止まることを見つけたのです。ワインを飲みすぎた翌朝はその止まり具合が大きいと、冗談も交えた発表でした。

二酸化炭素を発生するドライアイスを詰めた瓶に細い管をつなげて、そこから出てくる気

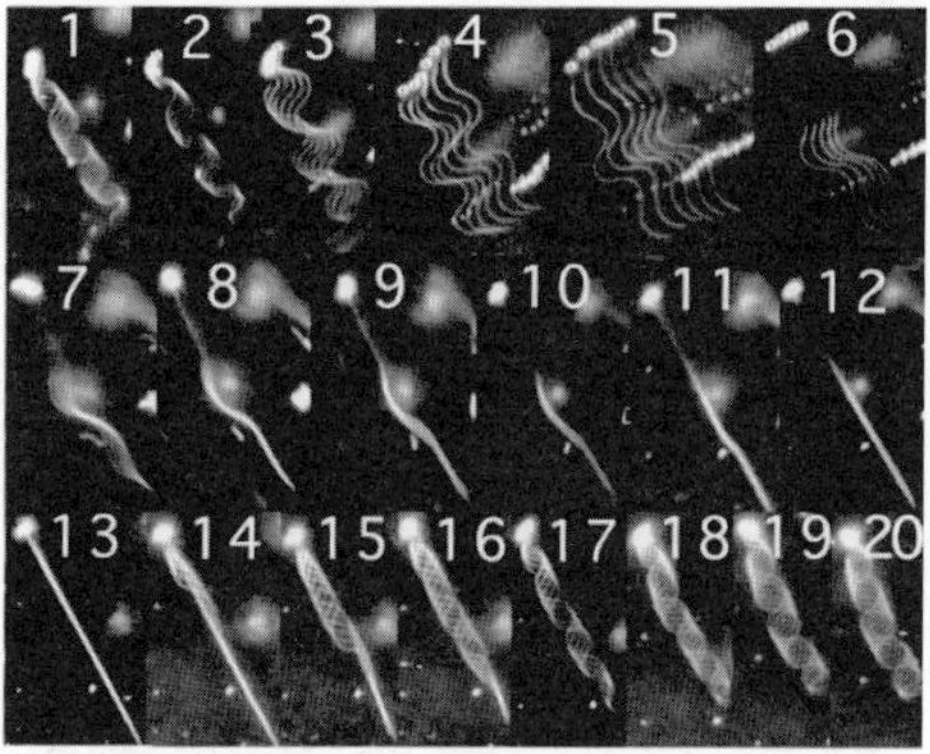

図１・６　二酸化炭素による精子運動の停止。なぜかカレイ類に特徴的に観察される。フラッシュ光を用いて20ミリ秒ごとに撮影したもの。13番では運動が完全に停止、14番以降は運動の再開過程。

体を精子にかけると、瞬時に運動が止まりました（図１・６）。つまり、カレイの精子は二酸化炭素で止まってしまう性質があるということです。他にこのような反応を示す魚はいるか聞いたところ、カレイ類だけであるとのことでした。私が持っていた炭酸脱水酵素のデータと一致します。

ジャッキーも私の話を聞いて興奮した様子で、浅虫実験所で一緒に研究しようということになりました。この共同研究は２００３年に論文として発表しました。結論は、精子に入った二酸化炭素が、炭酸脱水酵素によって急速に重炭酸イオンに変換され、それが軸糸に作用して運動が止まるというものです。除膜精子も、重炭酸イオンによって同じように止まります。

カレイの精子はpH５とかpH４の酸性海水でも運動することができますが、これは炭酸脱水酵素が多量にあるために、精子内のpHは高いまま保たれるからです。重炭酸イオンが多量に入った溶液でも、二酸化炭素を吹きかけたときと同じように運動が停止しますが、このとき、炭酸脱水酵素の働きを抑えると、止まっていた精子が動き出してきます。このことからも、この酵素が二酸化炭素による運動停止を起こす原因であることがわかります。

二酸化炭素で精子の運動が変化することは、ウニでも知られていましたが、これほど劇的に停止してしまう例はカレイでしか見られません。

なぜカレイだけ？

問題は、「なぜカレイ類だけ？」なのかです。カレイ類は、まれに見る非対称な体を持つことで、チャールズ・ダーウィンも注目していた魚です。後に、用不用説で知られるラマルクもその進化を議論しました。果たして、体の非対称性と二酸化炭素による精子の運動停止は関係あるのでしょうか。残念ながら、まだわかっていません。

図１·７　非対称な体を持つカレイ類。（左）ヨーロッパではおなじみのレモンソール。エーレスンド水族館で撮影。（右）右向きと左向きが半々のボウズガレイ。タイ、インジャルーン市場で入手。

カレイ類の祖先は体が対称で、形態的にはツバメウオやマルコバンの仲間に近いと考える研究者がいる一方で、ＤＮＡの分子系統学的な解析ではアジ系に近い結果が得られているなど、意見が分かれています。すべてのカレイが単系統（共通祖先から進化した仲間）ではないという意見まであります。

なぜカレイの精子だけ二酸化炭素で運動が止まるのか。それを証明するのはたいへんなことですが、長年行っていた魚類精子コレクションを諦めないでさらに続けていれば何かヒントが得られるかもしれません。実はこれまで、国内外のいろんな方々の協力を得て、１５０種類以上の魚類精子を集めて調べてきたのですが、魚の進化についていくつかの発見もありました。

例えば、ボウズガレイは、現存で最も原始的であるとされるカレイです（図1・7、前ページ）。左ヒラメ、右カレイといいますが、ボウズガレイは、半分の個体が右、半分は左です。また、カレイ類では二つの眼が体のどちらかの面についていますが、ボウズガレイの眼の一つは頭のてっぺんについています。完全に眼が片側に寄ってしまう前の形であるといわれています。タイのカセサート大学の研究者に協力していただいて、ボウズガレイの精子を手にすることができました。あまり魚の状態が良くなく、精子の運動は見ることはできませんでしたが、精子には多量に炭酸脱水酵素が含まれていました。二酸化炭素による精子の運動停止は、カレイ類の祖先から存在していた性質の可能性が高いのです。

また、カレイ類に近いとされるアジ科の魚の精子を調べると、二酸化炭素で運動は止まりませんが、炭酸脱水酵素は多めに含まれていました。形態的に近いとされるツバメウオではその傾向がありません。その他、少数ですがいくつかの魚の精子では系統とは一見関係なく、炭酸脱水酵素が一定量含まれているものがありました。

研究はまだ半ばですが、「なぜカレイだけ？」の疑問をなんとか解き明かしたいと思っています。これは、「細胞の毛」からスピンアウトした研究かもしれませんが、魚類の進化や、過去の海洋酸性化など、海洋環境も巻き込んだ大きな話に広がるのではないかと密かに思っています。

このように、「細胞の毛」の観点を持って生物を見ると、その生き物の特徴や進化のことがよく見えてくることがあります。また、生き物が見せる細かな動きや非対称性、臓器や器官などの絶妙な配置や機能などは、細胞の毛によって生み出されることも多々あります。細胞の毛から生き物の不思議をひもとく楽しさを、本書ではいろいろと語っていきたいと思います。

1・4　毛の中にモーターがある

毛の中にモーターが入っている

さて、第1章の最後に、この細胞の毛が動く仕組みを簡単に説明しておきたいと思います。詳しい構造やメカニズムは第4章で説明します。

鞭毛や繊毛の長さは、ショウジョウバエの精子のように数センチになるようなものを除き、精子では30から50マイクロメートル（ミクロン）、上皮細胞の繊毛はその5分の１、10マイクロメートルくらいです。マイクロは10^{-6}を示しますので１メートルの１００００００分の１、つまり１０００分の１ミリメートルです。繊毛の太さは０・２から０・３マイクロメートル、つまり２００ナノメートルから３００ナノメートルです。ナノは10^{-9}を示します。細胞の毛は、このナノの世界で精巧に作り出され巧みに動きます。

その細胞の毛の中に毛を動かすエンジン、すなわち「ダイニン」と呼ばれるタンパク質の分子モーターがずらっと並んで入っているのです（図１・８）。この大きさは10から20ナノメートル。これだけ小さな分子がＡＴＰ（アデノシン三リン酸）という物質を分解することで得られるエネルギーを用いて、鞭毛や繊毛の中で力を発生し、生き物に欠かせない機能を発揮します。

また、真核生物の鞭毛と繊毛の違いですが、細かいことを考えなければ基本的に同じ構造のことを違った名前で呼んでいます。これまでの慣習として、細胞に生えている本数が少なく長いものを「鞭毛」、細胞あたりの本数が多くわりと短いものを「繊毛」と区別してきました。精子や単細胞生物のクラミドモナスでは鞭毛、ゾウリムシや気管では繊毛といった具

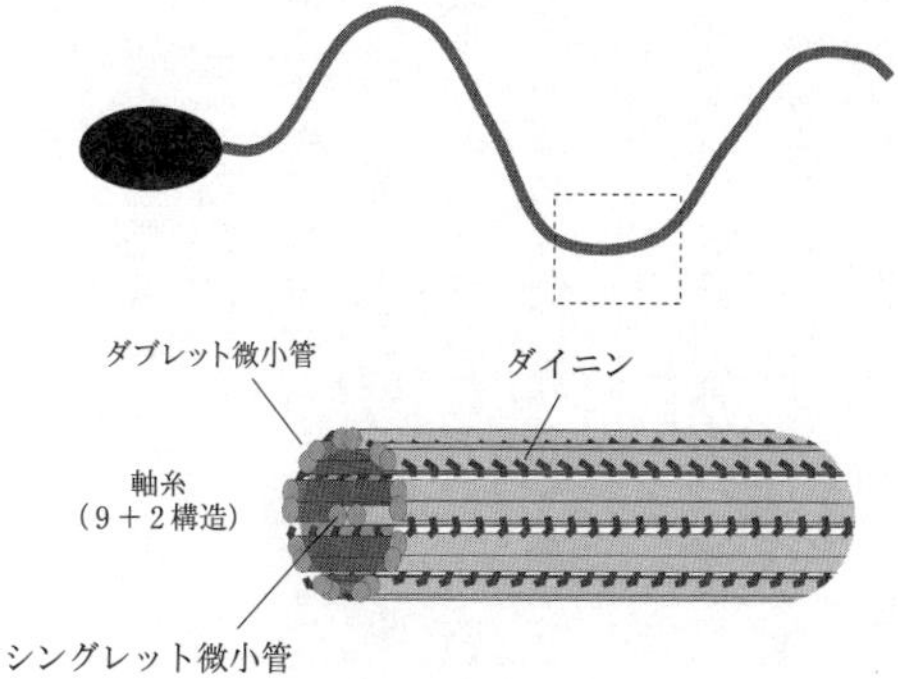

図１・８　細胞の毛の中央には９本のダブレット微小管と２本のシングレット微小管からなる「軸糸」が貫いている。ダブレット微小管にはモーターであるダイニンがずらっと並んでいる。

合です。

　しかし、同じ構造なので、混乱をなくすために、すべて「繊毛」で統一しようと、最近の国際学会で提案されました。ただ、私としては、例えば精子のしっぽを「精子繊毛」と呼ぶのはしっくりきません。おそらく、少なくともしばらくは、鞭毛と繊毛がこのまま使われるのではないかと思います。

ナノスケールの精密なメカニズム

　どうして、鞭毛や繊毛は動くことができるのでしょうか。

　鞭毛や繊毛の骨組みを作っているのは「微小管」です（図１・８）。この微小管は、細長いパイプのような形をしています。アクチン繊維（マイクロフィラメント）や中間径フィラメントと呼ばれる繊維とともに、細胞の形や運動に関わっています。これらは細胞骨格と呼ばれます。

鞭毛や繊毛では、微小管の上に分子モーターである「ダイニン」がずらっと並んでいます。ここで、このダイニンがどのように動くかを簡単に説明します。これから話す細胞の毛の構造や動くメカニズムは、すべてナノスケールで起こっている話です。

図をご覧ください。細胞の毛の中には、先ほど説明した微小管が並んでいます。まずは、微小管のパイプが二つくっついて１セット（ダブレット構造）となり、このセットが細胞の毛の内部の外側に九つ配置されています。中央には単体のシングレット微小管が２本、貫いています（中心対）。

ダブレット微小管を作る二つのパイプのうち、一つのパイプに、曲げた腕のようなものがいくつも付いています。この腕のようなものがダイニンです。これが動くと、接している隣のダブレット微小管が動いてずれます。並べた箸の片方だけをずらすような動きが生じるのです（図１・９）。ダブレット微小管のパイプは、実際は箸のように硬いものではないので、部分的に動きが止められると湾曲（屈曲）するようになります。

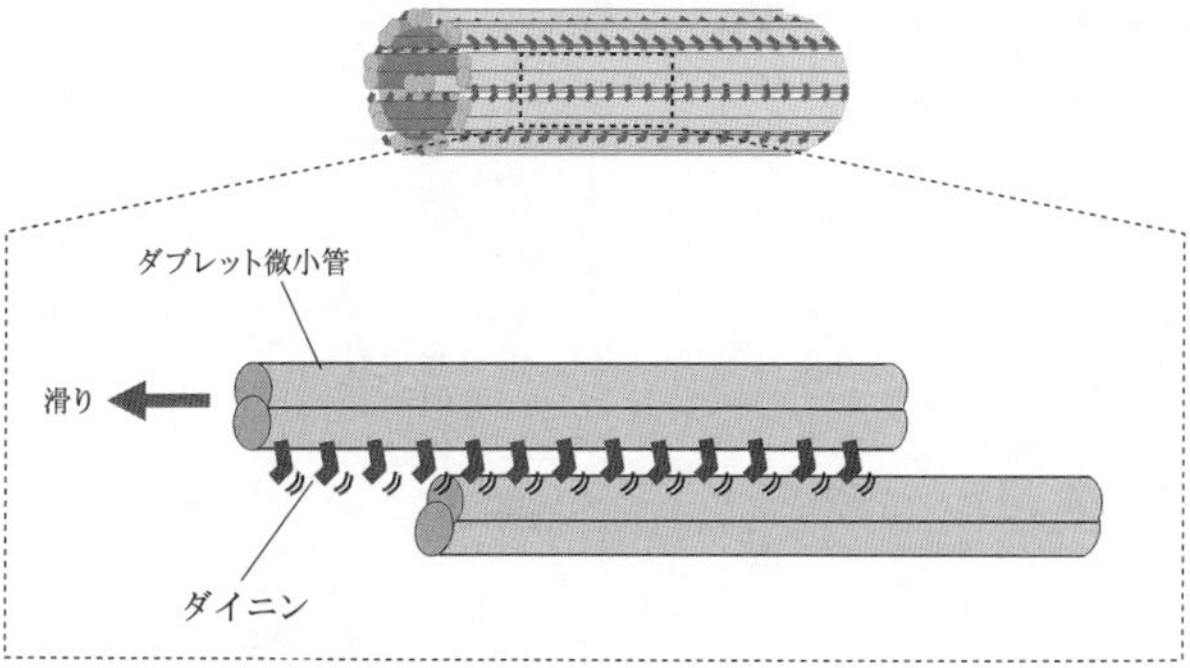

図１・９　細胞の毛の運動。軸糸の中ではモーターであるダイニンが働き、微小管が滑る。これが波打ち運動の原動力となる。

例えば、２枚の紙を重ねて片方の紙だけを動かすとき、接着された点があれば、動かした片方の紙はその接着点で動けなくなり、浮き上がるように湾曲します。この動きが、細胞の毛がくねくねと曲がる仕組みです。詳細は第５章でお話しします。

繰り返しますが、この細胞の毛の構造やメカニズムは、すべてナノスケールの世界のものです。どうしてこんな精巧なものがこの小さなところにあるのかと思わずにはいられません。私たちはこのようなナノスケールの世界の構造やメカニズムのおかげで、生命活動を保つことができているのです。

「9＋2」構造

前述のように、細胞の毛の中には9本＋2本のパイプが通っています。ダイニンのついた9本のパイプは「ダブレット微小管」で、筒状になっていて、その内側にはもう2本のパイプ「シングレット微小管」が通っています。この構造は「軸糸」と呼ばれ、微小管の本数から「9＋2」構造とも呼ばれています（図1・8、49ページ）。

根元と先端は少し違いますが、ほぼ毛の全長にわたってこの構造が貫いています。「金太郎あめ」を想像していただければと思います。どこを切っても同じ顔が出てくるということです。英語ではもちろん「ナイン・プラス・ツー」、日本語では「きゅう・プラス・に」と呼ばれることが多いです。なぜか「きゅう・たす・に」とは呼ばれません。

各微小管には、ダイニン以外にもさまざまな構造が結合していて、運動に関係しています。分子モーターであるダイニンが、根元から先端まで分布していて、微小管を動かすことにより波を作り、伝播させていきます。ロープの端を手で持って、上下に振ると波ができますが、この波は先端に行くにしたがい減衰します。しかし、鞭毛や繊毛の波は、先端までいっても、ほとんど減衰しません。分子モーターが根元から先端まで詰め込まれて動くからです。実によくできています。

9＋2構造は、今では高校や大学の生物学の教科書にも載っていますが、実際に自分で電子顕微鏡で観察すると、その美しさに感動するものです。私が大学院生のときには、毛利先生の奥様である毛利敏子さんが研究室にいて、彼女にすべてやっていただきました。もちろん、電子顕微鏡像を見せてもらえますし、写真もいただけます。その後、私が基礎生物学研究所の客員助教授のときに、サンプルの調製から観察まで初めて自ら行いました。神谷律博士と若林憲一博士に指導していただきながら、初めてホヤ精子の9＋2構造が見えたときにはたいへん感動し、時間を忘れて観察しました。

細胞の毛は進化の陰の立役者

とても小さな鞭毛や繊毛がなぜすごいのか、その理由はいろいろあります。

一つ目は、自ら波打って動くことでしょう（図1・10、次ページ）。動きまわる細胞や生き物の種類や、毛の生えている場所によっても異なりますが、多くの場合、その動きは速すぎて目で追うことができないほどです。なぜ波で動くのか、それはミクロの水の世界でどうや

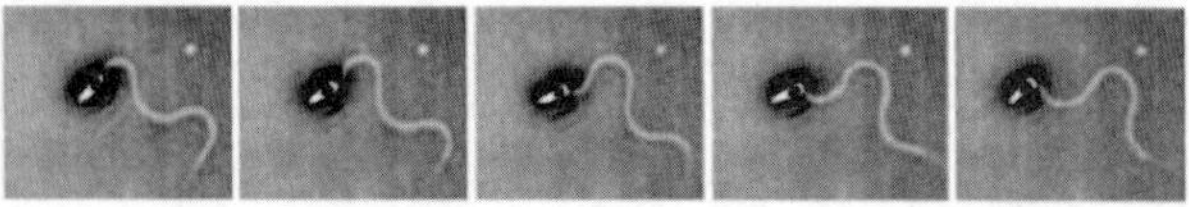

図1・10　ウニ精子鞭毛の波が伝わっていく様子。5ミリ秒ごとの画像。

って動いたら効率が良いのかということと関係します。これについては後述します。

二番目は、単細胞生物の繊毛と、私たちヒトの繊毛の構造がほとんど同じであるということです。分子の構造まで見てもよく似ているのです。そして、その構造は非常に美しく、生き物の形作りの原型を見るような規則性、対称性、非対称性が存在しているのです。動く仕組みも、ゾウリムシと私たちの繊毛に違いはありません。そして、進化の過程を見ると、同じ構造である繊毛が、動く環境に合わせて微妙に調整されてきたこともわかります。

三番目は、私たちの体の維持に大切な構造であるということです。毛がなくなったり、動かなくなってしまった場合には、いろんな病気になってしまいます。

もう一つ、進化の過程で「変わり種」が生まれてきたことも見逃してはなりません。例えば、細胞の毛を作ってい

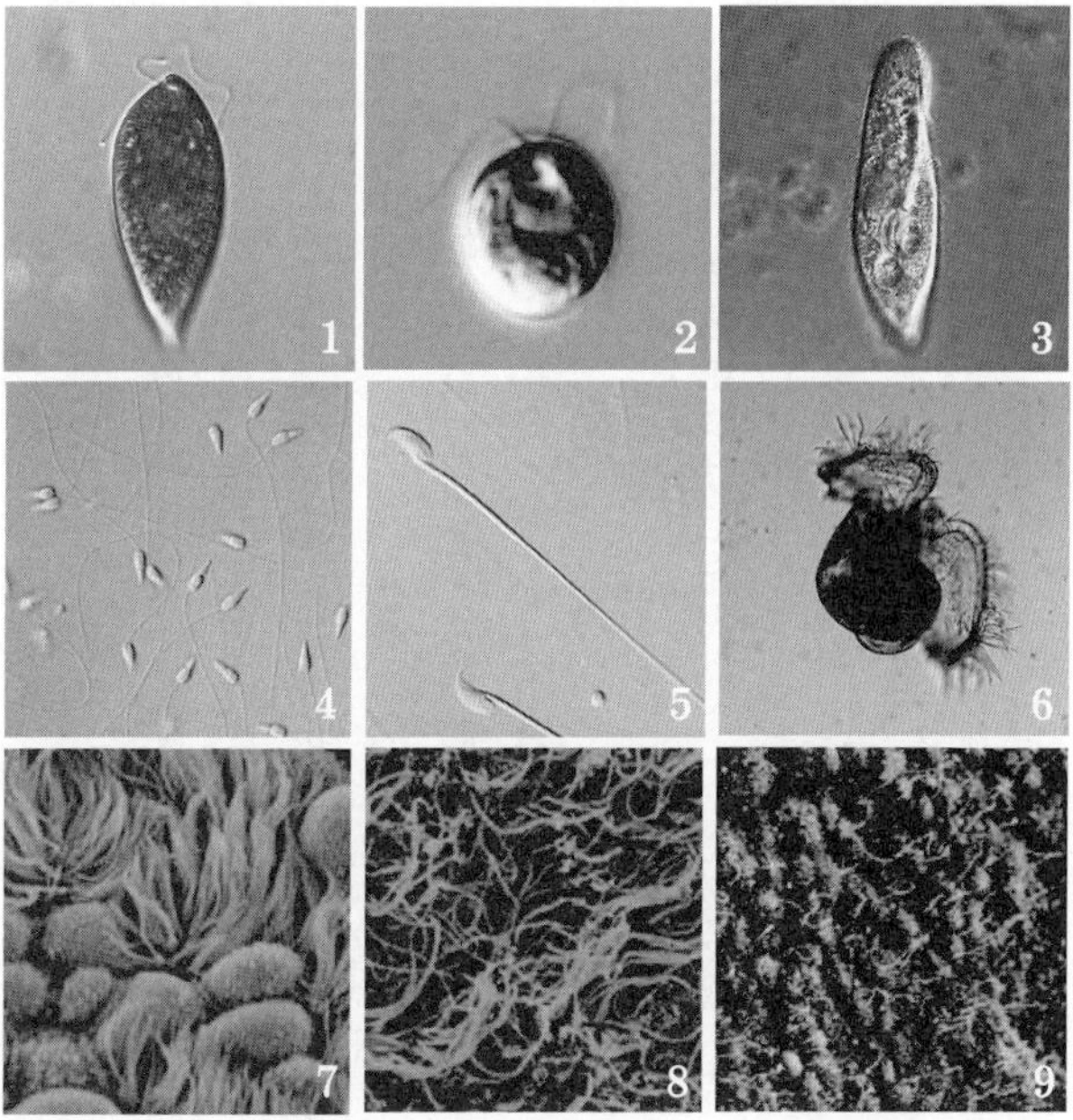

図1・11　いろんな細胞の毛。1. ユーグレナ（ミドリムシ）、2. クラミドモナス（単細胞緑藻類）、3. ゾウリムシ（繊毛虫）、4. 精子（ウニ）、5. 精子（マウス）、6. 幼生（巻貝）、7. 気管上皮（マウス）、8. 脳室上皮（マウス）、9. ノード（マウス）。

る一部の構造を失ってしまい、波打ち運動がらせん運動になってしまった精子もいます。肉眼で見えるほど極端に長くなったり、束にして巨大なオールやバネ付きシューズのように変わったり、ついには運動性をなくして「ゲゲゲの鬼太郎」の毛髪のように、情報を受け取るセンサーとして特化したものもあります。

いろいろな生き物を「細胞の毛」から眺めると、その変化には実にさまざまなものがあります（図1・11、前ページ）。進化の舞台である海にすむ生き物の繊毛を長年研究してきた私にとって、細胞の毛は何よりも生物の進化や海の生態系を司《つかさど》る陰の立役者ではないかと思わせるのです。これについても後の章で話していきたいと思います。

細胞の毛を見つけた先人

人間が持つ興味や考えることは、おおよそ似ています。どこに目をつけて、どれだけアンテナをめぐらし、深く追究するかで、世紀の大発見といわれる研究が生まれるのだと思います。だから、サイエンスは歴史であり、多くの科学者の探究で得られた知識の積み重ねでもあります。

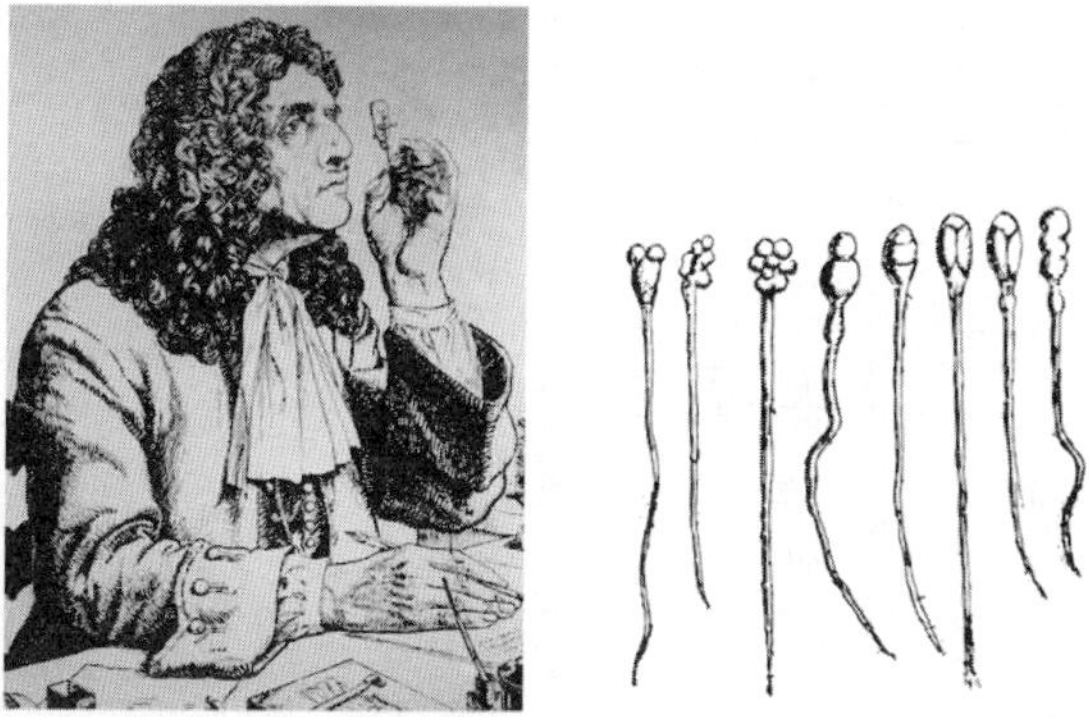

図1・12　自作の顕微鏡をのぞくレーウェンフック（左）と、観察したいろいろな精子のスケッチ（右）。

２０１４年３月、世界のマリンステーション（臨海実験所）の関係者が集まる会議がオランダのアムステルダムで開催されました。ここで私は、世界に数百以上あるマリンステーションの地図帳を作る提案をしました。会議は成功に終わったのですが、残りの滞在時間に訪れておきたいところがありました。それは、世界で初めて自作の顕微鏡でバクテリアなど数多くの微生物を見つけたアントニー・レーウェンフックの生誕地、デルフトです。レーウェンフックは、同じデルフトに生まれた画家フェルメールの友人であることでも知られています。

　レーウェンフックは、細胞の毛を最初に観察した人であると考えられています。私たちの肉眼ではせいぜい０・１ミリメートルのものしか識別できません。レーウェンフックは、自作のレンズによって小さなものを拡大し、この限界を超えました（図1・12、前ページ）。

レンズを1枚だけ使った単式顕微鏡で観察した微小生物を、彼はアニマルキュール（小動物）と呼びました。そのアニマルキュールは広範囲に及びます。いろいろな精子のデッサンも残されていますが、そこにはしっかりと鞭毛が描かれています。１６７５年のことです。

少し遅れて、１６８４年にオランダのアントニウス・デ・ハイデが、ムール貝（イガイ）のえらの表面で何かが振動する動きを観察しています。これが繊毛の最初の観察だとされています。ただし、「繊毛」という名前を最初に用いたのは、ドイツのオットー・フリードリッヒ・ミュラー（１７８６年）であり、「まつげ」に形が似ていることからそのように命名したといわれています。

「鞭毛」という名前は、繊毛に遅れて、フランスのフェリックス・デュジャルダン（１８４１年）がある種の単細胞の真核生物（細胞内にＤＮＡを膜で包む核を持つ生物）で動いている繊維を「鞭《むち》のような」と記載したことに始まります。

また、バクテリア（細菌）などの原核生物（細胞内に核がなくＤＮＡが細胞質に直接露出している生物）のべん毛は、それよりもわずかに前、１８３８年にドイツのエーレンバーグがバ

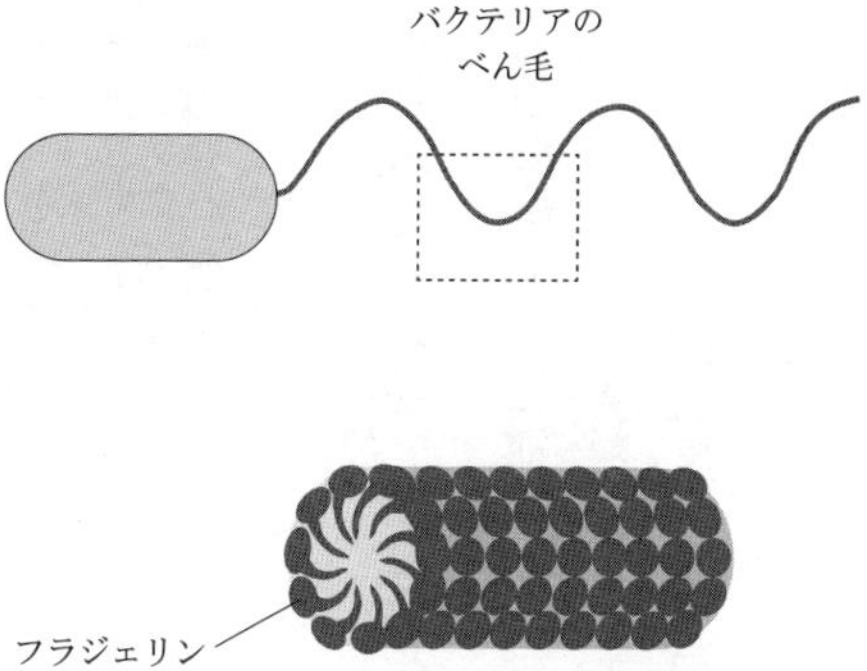

図１・13　バクテリアのべん毛。私たちの細胞の毛である「鞭毛」や「繊毛」とは成分も構造もまったく異なる。

クテリアの運動器官として見つけています。鞭毛についてはバクテリアの方が先輩であったということです。原核生物のべん毛は、真核生物の鞭毛とは構造がまったく異なります（図１・13）。

　細胞の毛に魅了された研究者は、私をはじめ世界中に多くいます。科学者の集まりとして学会がありますが、生物学の分野は細分化しています。動物学会がある一方、昆虫学会、貝類学会、哺乳類学会というように、生物の種類ごとにも学会があったり、細胞生物学、生物物理学、分子生物学、生理学というように、どのような視点で研究するのかによっても分かれています。

　どの学会にも細胞の毛の研究者はいます。

ただし、細胞の毛の研究者だけが集まる学会はありません。もちろん、研究会や集会はあります。私もいくつかの学会に属していますが、動物の繊毛も研究していますし、緑藻類や褐藻類の鞭毛も研究しています。専門ではありませんが、流体力学も細胞の毛を理解するためには重要です。「木を見て森を見ず」ということにならないように、境界を設けてしまわず、専門外のいろんな人とも議論することが大切だと思います。

細菌の「べん毛」と真核生物の「鞭毛」

本書でお話しする「細胞の毛」は、真核細胞に生えている鞭毛や繊毛のことを指します。ややこしいのは、細菌（バクテリア）などの原核生物にも「べん毛」が存在することです。どちらも、細胞に生えている「毛」であることには間違いないのですが、その構造や動く仕組みはまったく異なります（図1・8〈49ページ〉、図1・13〈前ページ〉）。これを区別するために、細菌のものを「べん毛」、真核細胞のものを「鞭毛」と表記します。このように区別できるのは日本人だけの特権で、英語では両方ともflagellaになってしまいます。

真核細胞の鞭毛や繊毛は、微小管やダイニンからできていますが、細菌のべん毛は「フラジェリン」というまったく異なるタンパク質が作っている繊維です。さらに、細菌のべん毛の根元には、イオンの勾配によって生じるエネルギーを利用して回転する分子モーターがあります。根元のモーターがくるくるまわることにより、べん毛はらせんに動きます。べん毛の分子モーターをロータリーモーターとすると、ダイニンは微小管の上を動く、いうならばリニアモーターです。ミトコンドリアのＡＴＰ合成酵素もプロトン勾配（水素イオンの濃度の勾配）のエネルギーを用いるロータリーモーターで、構造もべん毛回転モーターとよく似ています。

もう一つ混同してしまうのが「線毛《せんもう》」です。繊毛と読み方は同じですが、これは細菌に生えている毛です。しかし、「べん毛」とは異なり、細菌の接合や感染に関わる突起です。何かにくっついて伸び縮みしたり、物の上を滑るといった運動を示すものもあります。また、医学では繊毛のことを線毛と表記する場合も見られますので注意が必要です。

註：英語の表記について参考までに記します。核やミトコンドリアを、nucleus/mitochondrion（単数形）、nuclei/mitochondria（複数形）と英語表記では区別するのと同様に、鞭毛や繊毛も、flagellum/cilium（単数形）、flagella/cilia（複数形）と区別します。本文でも述べましたが、flagella はもともと「ムチ」、cilia は「まつげ」から由来するといわれています。ちなみに「線毛」は英語で pilus（単数形）/pili（複数形）といいます。この章で出てきた精子は少し複雑で、英語では単数形が spermatozoon、複数形が spermatozoa になります。sperm は、もともとは植物の種、あるいは拡散させるという語源があるようです。zoon（zoa）は、活発に動くものという意味合いでつけられました。現在では、一般的に sperm という英語の方が名詞としてもよく使われ、科学論文でもこの方が多く用いられます。これは複数形であつかわれ、精子の運動性（sperm motility）のように、形容詞としても用いられます。なお、キーワードで sperm を検索すると、よくマッコウクジラが引っかかります。マッコウクジラは、英語の俗名では sperm whale ですが、これはマッコウクジラの頭部からとれる鯨油が白く、精子みたいであったことからこの名前がつけられたとのことです。そんな名前がつけられているとは、マッコウクジラが知るはずはありません。

第2章

体内の毛なしに生きられない

2・1　体の中の毛を探そう

ミクロの世界の「毛」

第1章では、生物における細胞の毛の重要さを精子から語りました。続いて、この章では、私たちの体の中にある細胞の毛について、少し詳しく語っていきたいと思います。

私たちの体の中には、精子のほかにも、たくさんの細胞の毛があります。この毛は私たちにとってとても重要です。このミクロの細胞の毛がきちんと働いてくれないと、私たちは健康な状態を維持することができません。では、私たちの生存に欠かせない細胞の毛は、いったい体の中のどこにあるのでしょうか。

私たちに生えている「体毛」は、体の表面から細長く突き出していて、一種の付属器官です。体温を保ったり、衝撃から体を守ったりします。体の毛ももちろん大切ですが、本書で扱うのは、細胞に生えている「毛」です。直径が0・2～0・3ミクロンほどの小さな毛ですので、もちろん目で見ることはできません。

私が小さな頃、『ミクロの決死圏』というＳＦ映画がありました。小さくなった人間が潜水艇に乗り込んで私たちの体内に入り脳出血を治すというすごい話です。血管の中で、大きな赤血球が潜水艇に向かって流れてくるシーンは今でも覚えていて、見ることができないミクロの世界について興奮したものです。

小さな世界を見ること、それは子どもにとって、もちろん大人にとっても、とてつもない不思議にあふれています。『ガリバー旅行記』や『冒険コロボックル』、昆虫を主人公にしたアニメなども、子どもにとっては別の世界を味わうことができ、ワクワクします。おそらく、子どもの視線のほうが、私たち大人よりもずっとミクロを感じやすいのかもしれません。

『ミクロの決死圏』の潜水艇に乗って繊毛を見たらどのように見えるでしょうか。おそらく、その動きに魅了されるとともに、その精密さにも驚くことでしょう。実際、細胞の毛の中には小さいモーターが並んでいる、規則正しい構造があります。小さいですが、このモーターがうまく動かなくなるとヒトはいろんな病気になってしまいます。また、海の中にいる多くの小さな生物にとっても、移動や生活に欠くことのできない重要なものが毛なのです。

私たちは水の中でしか生きられない

最初の生命は海から生まれました。単細胞の生物から始まって、それが多細胞化し、さらにいろいろな生物に進化しました。そのうちの一つが動物です。水中で生活していた動物は、さらに陸上に進出し、いろいろな器官を発達させ、哺乳類が現れ、その中から霊長類、そして二本足で歩行し、脳を発達させた人類が現れました。この辺の人類の進化の話は、皆さんの多くがよく知っていることです。

10から20マイクロメートルほどしかない細胞が運動するのと、水泳選手がプールを泳ぐのとでは大きく違います。水から受ける力が違うのです。だから、運動するメカニズムも違います。それではなぜ、私たちのように体が大きくなってもなお、体内では、単細胞生物のクラミドモナスやゾウリムシなどが運動に用いる鞭毛や繊毛を使うのでしょうか。それは、私たちの体内のいたるところで、水は欠くことができないものだからです。

私たちは陸上動物ですが、体の70%は水です。多細胞化して複雑化したといっても、しょせん、水に依存しなければ生きていけない生物の一員です。体内での水の流れを細胞の毛で動かすことは、体の維持に必須なのです。それでは、まずは身近なところで、私たちの体の

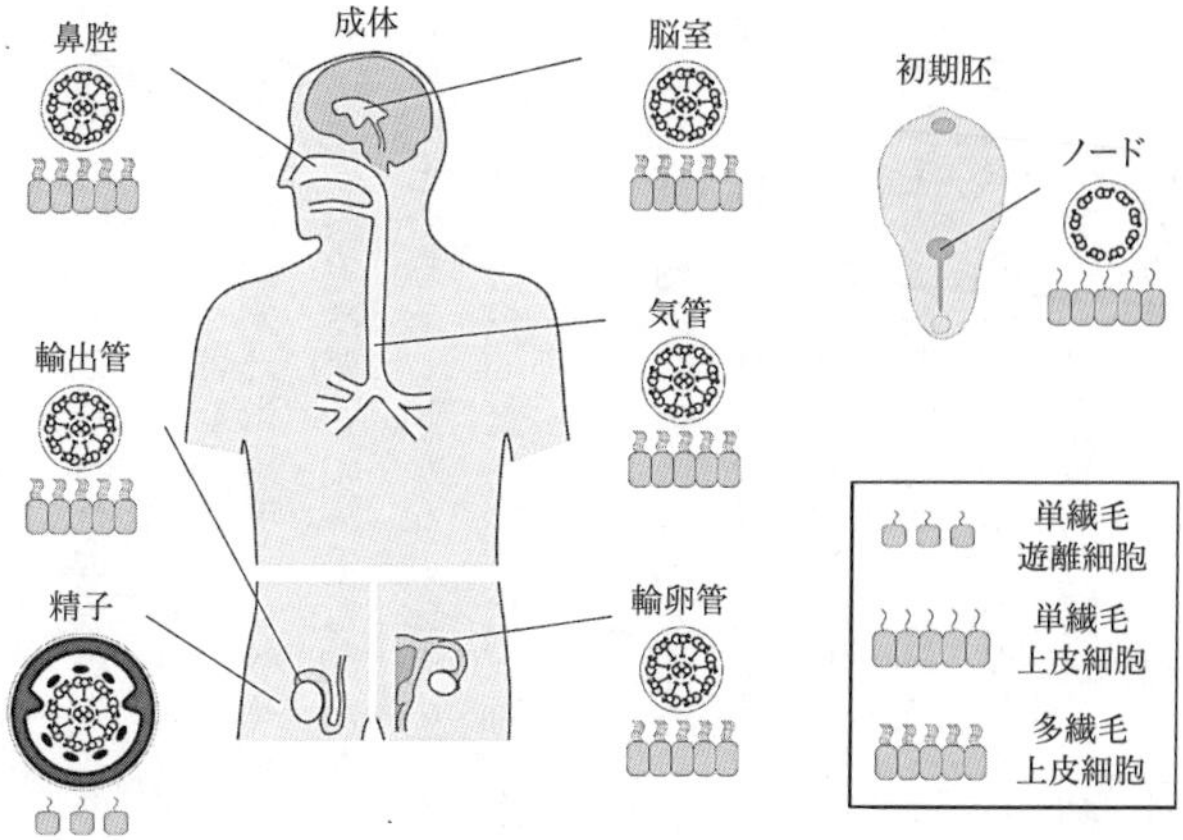

図2・1　体の中にある動く繊毛。場所、断面図、繊毛の生え方を示す。ここには示していないが、動かない繊毛（一次繊毛）は体中に存在する。

中に生えているミクロの毛がどんなもので、どれだけ大切なのか、見ていきましょう。

体の中にたくさん生えている

細胞の毛は、私たちの体の中のどこに生えているのでしょうか。まず思いつくのは、第1章でお話しした精子ではないでしょうか。鞭毛と呼ぶのは、私たちの体の中で、この精子の鞭毛のみです。ですから、女性には鞭毛と呼ぶ毛はありません。

動く毛は、このほかに脳室、鼻腔、気管、精巣、卵管、そして発生初期の胚に現れる「ノード」と呼ばれる部分にも存在します（図２・１、前ページ）。鞭毛や繊毛は、１細胞あたりの生えている本数が１本の場合には単繊毛、２本以上の場合には多繊毛と呼びます。精子の鞭毛や、胚（発生の初期の個体）の表面に一過的に現れるノードと呼ばれるくぼみに生える繊毛は単繊毛、気管や卵管の繊毛は多繊毛です。

精子の鞭毛や気管の繊毛は動かないと困りますが、もともと動かない繊毛もあります。どちらかというと、動かない繊毛の方が多いといえます。これらは、異常な繊毛ではありません。運動性を失ったかわりに、細胞から伸びているアンテナセンサーのような働きをしています。

動かない繊毛には、「感覚繊毛」や「一次繊毛」が含まれます。感覚繊毛は、眼や耳、鼻など、感覚器で刺激を受け取る重要な働きをしています。また、体内の器官を作っている、ほとんどの細胞には１本だけ生えている不動の繊毛があり、これが一次繊毛です。長い間、運動繊毛の痕跡だと思われていて、あまり注目されてきませんでした。しかし、これらが多くの病気と関係していることがわかると、一躍、脚光を浴びるようになりました。

一次繊毛は、感覚繊毛と同じく、細胞の外のいろいろな刺激や環境の変化を受け取り、細胞の活動を調節していて、一種の感覚繊毛ともいえます。

私たちの体で繊毛が実際に何をやっているのか、いかに私たちの体を作り生命を維持しているのか、少し詳しく説明します。

脳の中の毛と水循環

個人的な昔話になりますが、１９７４年、私は中学生で軟式テニスに明け暮れていました。その頃の私を悩ましていたのが虫歯でした。歯医者に行くのは、とにかく嫌でした。唯一の楽しみは、「少年チャンピオン」という漫画雑誌でした。当時、火鉢があった歯医者さんで夢中で読んでいました。野球漫画の『ドカベン』も好きでしたが、小学生の頃から魚などをさばいたりしていて、動物の解剖に興味を持っていた私にとって、最もハマっていたのは、手塚治虫さんの『ブラック・ジャック』でした。

私はマンガ家の手塚治虫さんの作品が好きです。中でもこの『ブラック・ジャック』が大好きです。手塚治虫さんは、戦後の日本のマンガ界を牽引してきた偉大な方ですが、若い頃は医師・科学者の卵でした。実は、手塚さんは学生の頃、精子の研究をしていたのです。奈良県立医科大学で医学博士の学位を取得されたのですが、その研究論文のテーマは「タニシの異型精子の研究」です。指導したのは八澄権八郎教授で、精子の形態を電子顕微鏡で観察した精子学の大家の一人です。異型精子とは形が異なる受精しない精子ですが、その役割はよくわかっていません。たいへん不思議な精子で、私たちも海産の巻貝であるマガキガイで研究しています。

医学博士を持つ手塚さんですから、『ブラック・ジャック』も単なる空想漫画でなく、外科手術の場面や解剖学の知識が満載です。主役の人物像に加え、まさに私にとってワクワクするような漫画でした。しかし、連載が終わってから、長い間、『ブラック・ジャック』を読むこともなくなりました。

細胞の毛を研究してきた私が、再び『ブラック・ジャック』を読みたいと思ったきっかけがありました。頭の片隅に残っていた「水頭症」と「内臓逆位」の話です。第76話に、頭の大きな男の子の話があります。落語が好きで、病院では他の患者を楽しませてくれる人気者の少年ですが、水頭症という病気で、頭は非常に大きくなってしまいます。

脳には、運動性繊毛と一次繊毛（細胞から1本だけ生える不動の繊毛）の両方が存在します。運動性繊毛は、脳室と脊髄の表面を覆う上《じょう》衣《い》細胞や脈絡叢《みやくらくそう》と呼ばれるところに生えています（図2・2）。脳室は、左右の側脳室、第3脳室、第4脳室からなりますが、それらはつ

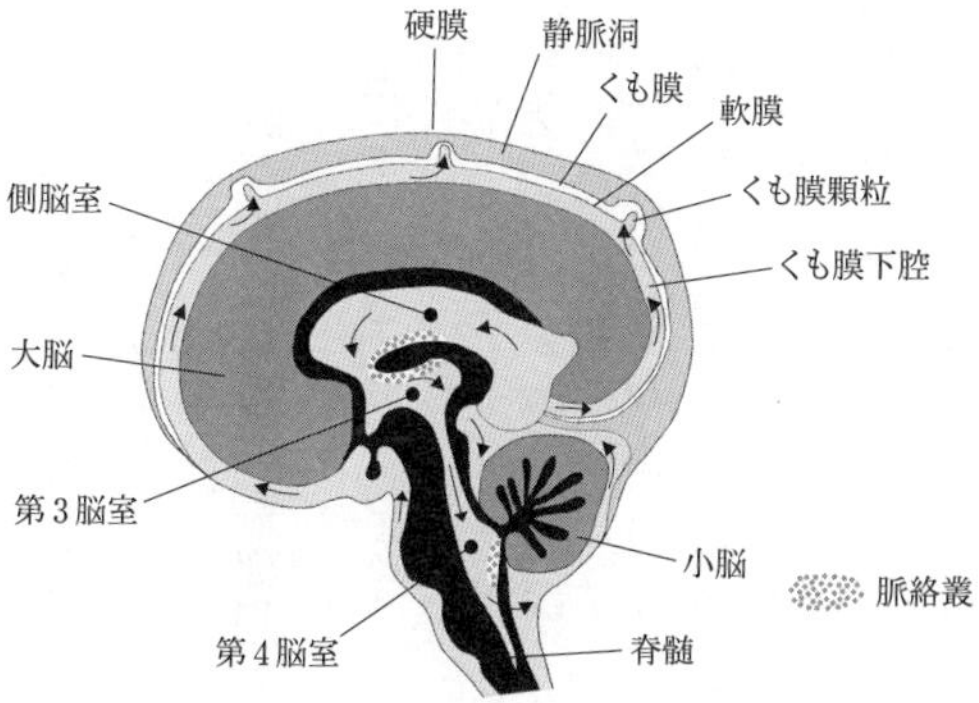

図２・２　脳の中の脳脊髄液の循環。脳脊髄液は脈絡叢で分泌され、繊毛の働きにより矢印のように循環している。

ながっており、脈絡叢から分泌された脳脊髄液という体液で満たされていて、運動性繊毛によって絶えず循環しています。

この運動性繊毛のダイニンに異常があると、正常に脳脊髄液の流れが起こらなくなる場合があります。すると脳脊髄液が脳室の中に溜まってしまいます。そのため、脳室は拡大し、脳も圧迫されてしまいます。それが水頭症です。

脳室の繊毛は、新しく作られた神経細胞の移動や、脈絡叢から脳脊髄液が分泌されるのを調節していることがわかっています。水頭症は、繊毛の異常という先天性の疾患が原因で起こる以外に、例えば、外傷によるくも膜下出血などでも起こることが知られています。

水頭症の治療では、脳室に溜まった液をバイパスで腹腔などに逃すシャント手術が行われているということです。もし繊毛の機能を改善することができれば、手術で患者に負担のかかることのない新たな治療法の開発にも役立つかもしれません。

心臓が左にあるのも細胞の毛に関係あり

繊毛にまつわる『ブラック・ジャック』のもう一つのストーリーは内臓逆位です。ブラックジャックの助手、ピノコには、近くに住む仲の良い少年がいました。ある日、少年は突然腹痛をうったえ、その子の親は近くにいたブラックジャックのところに駆け込みます。聴診器で調べたところ、心臓が右にあること、つまり内臓逆位であることがわかります。

内臓の位置が逆でも、各臓器の機能は正常で、健常者と変わらない場合が多くあります。少年の痛んでいるところが胆管の近くであることはわかったのですが、逆位の配置に慣れていないブラックジャックは、天才外科医といえども苦戦します。そこにピノコが鏡を持ってきました。ブラックジャックはハッとします。細かい血管や神経の位置もこれでわかりやすくなり、手術は成功します。

さて、通常、心臓はやや左、肝臓は右、大腸は反時計回りであるなど、私たちの臓器には非対称性があります。実は、この非対称性は、発生のごく初期に現れる「ノード」と呼ばれる部分にある繊毛の働きで決められています。

このノード繊毛の存在は以前から知られていましたが、その運動が内臓の左右性に関わることがわかったのは、野中茂紀博士、廣川信隆博士らの１９９８年の研究です。彼らは、微小管系の分子モーターの一種であるキネシンがないと、内臓逆位になることを見つけました。ノード繊毛を調べると、繊毛が動かないどころか、形成されないことがわかったのです。

ノード繊毛は、胚に対して左向きの水流を発生させます。その結果、左右の領域で働く遺伝子が異なってきて、心臓は左、肝臓は右といった具合に非対称性が生じるのです。そのメカニズムについては、遺伝子を制御する因子が運ばれるとか、水流の機械刺激を感知する繊毛が左側にあり、その刺激により左右非対称ができるとか、いろいろな説が提案されていますが、まだ結論は出ていません。

ただし、運動性のノード繊毛のまわりには、細胞から１本だけ生える運動しない一次繊毛があって、ノード流の刺激により左側の一次繊毛からカルシウムイオンが流入し、これが非対称性に関係しているという報告があります。この考えは、いくつかの研究から支持されています。
ノード繊毛は9＋0構造で、どうもダブレット微小管の外側のダイニン（外腕ダイニン）のみ存在しているようです。繊毛は、胚の後ろ側に傾いていて、これが回転運動をして、その結果、液が胚の左向きに流れていきます。ノードと似ている領域は、哺乳類以外の動物の胚にもあります。魚類ではクッパー胞、両生類では原腸蓋板《がいばん》、鳥類ではヘンゼン結節と呼ばれている部分です。すべてに繊毛が生えていますが、左右非対称性が形成されるときの繊毛の役割は、動物の種によってやや異なるようです。

また、ホヤでは神経胚に一時的に生える繊毛の運動が、左右非対称に関係するらしいことが、最近観察されています。また、ウニなどの無脊椎動物にも左右非対称が存在しますが、繊毛が関わっていると考える研究者と、ナトリウムイオンとカリウムイオンを通す細胞膜のポンプにより生じる膜電位で決まり、繊毛は関係ないとする研究者で、意見が分かれています。

私たちの体は、左右対称にできていると思われがちですが、実は違います。前述の内臓以外でも、意外と非対称のところがあります。また、極端に非対称な体を持つ生き物の一つが、第1章でも話したカレイ類です。どうしてこの生き物は非対称なのか。それはまだわかりませんが、内臓の非対称性を生み出している一つの要因が細胞の毛の動きにあることがわかってきたのです。細胞の毛をもっと深く調べることで、生き物の非対称性の謎がさらに明らかになってくるかもしれません。

ウイルスから私たちを守る毛

話を細胞の毛と病気の関係に戻しましょう。

２０２０年、東京オリンピックが予定されていた年の1月、「新型コロナウイルス」のニュースが報じられ、瞬く間にこのウイルスが世界中に広がりました。毎日のニュースのほとんどの時間がマスクや医療関係者、病床の不足など、パンデミックの状況と対策に関するものになり、トイレットペーパーがなくなるというデマまで流れました。「自粛」という言葉も毎日のように耳にするようになりました。私も、試験管を持つのをやめて、自宅でパソコンとネットの生活、つまり「自粛」しました。

過去を振り返ってみても、人類はこうした脅威に弱いものですが、別の考え方をすれば、生物の進化も、感染や共生による遺伝子伝播の歴史であるともいえるでしょう。気管は、空

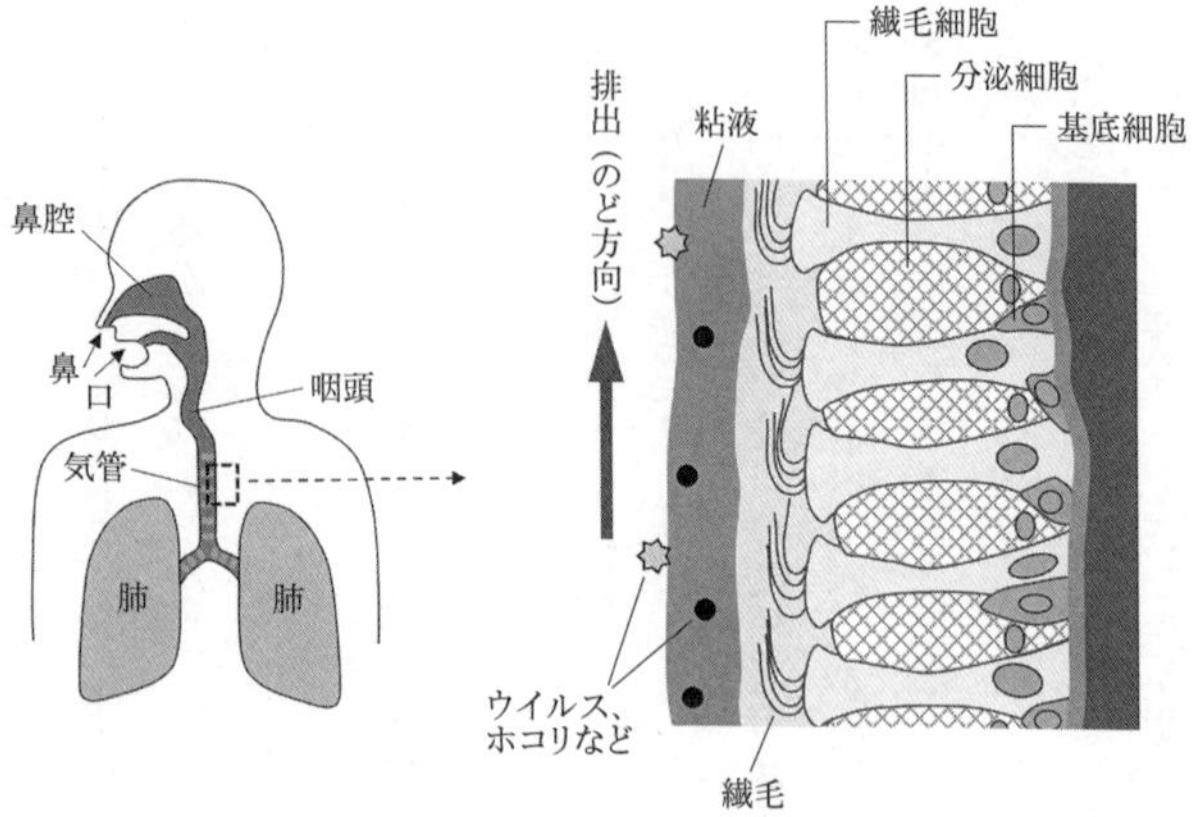

図2・3　異物を外へ出す気管上皮の繊毛。

気から入る敵を迎え撃つ最前線で、上皮繊毛の運動によって、ごみや細菌などを粘液とともに痰《たん》として外に排出します（図2・3）。気管の繊毛はairway cilia（気道繊毛）と呼ばれますが、もちろん、水のないところで繊毛は動きません。

　繊毛の周りにはさらさらした液があり、繊毛はその中で運動します。その外側に、気管上皮の分泌細胞で作られた粘液の層があり、運動によって生じた流れによって外に運び出されるわけです。冬の乾燥期は、粘膜が乾燥しやすいので、繊毛の運動も影響を受けると考えられます。だから、部屋の加湿や水分補給で喉を潤すことが重要です。細胞の毛は十分な水の中にいないと、その運動性を発揮できないからです。

繊毛の振動数（１秒間に打つ波の数）が上がれば、排出の効率も高まります。この効率を高めることは、私たちの身を守ることにつながります。細胞内シグナル伝達物質のセカンドメッセンジャーであるcAMP（環状アデノシン一リン酸）やカルシウムイオンが上昇すると、繊毛の振動数が上昇することがすでに知られています。この振動数の上昇を起こす外からの因子はいろいろとわかっていて、例えばβアドレナリン受容体を刺激する薬は、繊毛の運動を活性化する、喘息《ぜんそく》の治療薬として用いられています。

気管繊毛には苦味を感じる受容体が存在していることも知られています。これに毒物などが結合すると、繊毛振動数の上昇を引き起こします。また、気道繊毛の振動数は、ＡＴＰ、温度上昇、pH上昇によっても増加します。タバコの煙は、粘液の分泌を増加させますが、繊毛の振動数を減少させ、同時に、活性酸素の発生により繊毛上皮の数も減少してしまうといわれています。

新型コロナウイルスの恐さは、この繊毛上皮細胞や粘液細胞に感染して殺してしまうことです。いわば、防衛の前線を崩してしまうというわけです。粘液がない条件では、ウイルスのような小さな粒子はむしろ繊毛に結合しやすくなるという報告もあります。気管繊毛を強化する効率的な方法が開発されれば、防衛最前線の砦《とりで》の強化に役立つかもしれません。

細胞の毛がなくて発症する病気

ここで、細胞の毛を語る上で欠かせない研究者、スウェーデンのビョルン・アフゼリウス博士のことを紹介させてください。

アフゼリウス博士は、医師でありながら数多くの生物の鞭毛や繊毛を観察しました。ダイニンがまだ発見されていない頃、彼は鞭毛や繊毛の微小管に結合している構造を電子顕微鏡で観察し、これを「腕」と呼びました。腕を曲げたような形をしているからです。いまではクライオ電子線トモグラフィーという方法で軸糸の構造をさらに詳細に見ることができますが、アフゼリウス博士は、まだ微小管が9＋2本あることくらいまでしか見えなかった頃に、観察方法を工夫して「腕」まで見てしまったのです。さらにすごいのは、それが力を発していると予想したことで、結局、これが分子モーターのダイニンであったわけです。ちなみに、アフゼリウスが「腕」と呼んだ突起ですが、ダブレット微小管の外側についているものを「外腕」、内側のものを「内腕」と呼びます。

図２・４　第５回国際精子学シンポジウム（1986年、富士吉田。写真は毛利秀雄博士提供）。左からベッドフォード、毛利、アフゼリウス、バチェッティ、アンドレ、森澤各博士。（右）アフゼリウス博士から贈られた色紙。

こうした先駆的な観察からはじまり、アフゼリウスは繊毛と病気の関係など、多くの重要な発見をしました。２００８年にお亡くなりになりましたが、後に述べるクシクラゲの櫛板の電子顕微鏡像も早くから記載しているなど、先見の明を持っておられていて、私が尊敬する研究者の一人です。

アフゼリウス博士は、私の博士論文を指導してくださった恩師である毛利秀雄先生とも因縁の深い人です。毛利先生が東大の三崎臨海実験所の助手であった頃、実験所に滞在したご夫妻と交流を深めました。その後、毛利先生がスウェーデンに留学したときには、博士がいろいろ研究をサポートしたそうです。１９６０年代前半、私が生まれて間もない頃の話です。

私は大学院の２年生のときにアフゼリウス博士

と初めてお会いすることができました（図２・４、前ページ）。毛利先生が主催する国際精子学シンポジウムのお手伝いをしていたわけですが、博士は学生が一生懸命働いているのを見て、手伝いをした大学院生全員に感謝の言葉を書いた色紙を贈ってくれました。それは今でも私の宝物です。その後、博士は、私が東大三崎臨海実験所の助手をしていたときに、再び三崎を訪れ、「ここは新婚の頃に訪れた思い出の場所です」と話してくれました。私の官舎で一緒に食事をされたことも、良い思い出として残っています。

このアフゼリウス博士が、１９７６年に繊毛と疾患の不思議を解き明かしました。

時はさかのぼること１９３３年、スイスの医師であったカルタゲナーは、内臓逆位、気管支炎、副《ふく》鼻《び》腔炎《くうえん》（慢性のものはちくのう症）の組み合わせが同時に起こる病気を報告しました。この病気は彼の名にちなんで、カルタゲナー症候群と呼ばれるようになりました。カルタゲナー症候群の男性の患者さんは、不妊であることもわかりました。

一見、関係のなさそうな異なる臓器の病気がどのようにして起こるのか。しばらくは原因がわかりませんでした。

アフゼリウスは、精子が動かなくなった不妊の４人の男性を調べたところ、ダイニン腕がないことを１９７６年に発見したのです。この患者を調べると、３人に粘膜輸送が見られず、気管支炎と副鼻腔炎をわずらっていることがわかりました。電子顕微鏡で繊毛を見たところ、精子と同様に、ダイニン腕がありませんでした。繊毛を研究していた電子顕微鏡学者であるアフゼリウスだからこそ、このことがわかったのでしょう。繊毛と疾患の不思議を解き明かした最初の例です。

このように、カルタゲナー症候群は、ダイニンなど繊毛自体が遺伝的に異常になるもので、原発性繊毛機能不全症候群（ＰＣＤ）とも呼ばれます。その後、もともと運動しない感覚繊毛や、細胞から1本だけ生える一次繊毛と病気の関係も明らかになり、繊毛が原因で起こる病気は、広く「繊毛病（シリオパシー）」と呼ばれるようになりました。

広範囲にわたる繊毛病

繊毛のモーターが遺伝的になくなってしまうと、精子では運動がおかしくなり、受精ができなくなります。また、気管ではバイ菌を外に出せなくなります。

近年、繊毛が伸びるために必要な多くの遺伝子もわかってきました。これらが、うまく働かないと、運動性繊毛のみならず、感覚繊毛や一次繊毛にも異常が出てくることも明らかになってきました。一次繊毛は、ほとんどの器官に生えていて、これらの器官が正常に働くために重要な役割を果たしています。

こうした経緯で、繊毛が私たちの体の中で驚くほど広い範囲で関わっていることがわかってきました。

一次繊毛の異常で起こる繊毛病としては、視覚など感覚器に関係するものや、流れを感知する機能が失われる腎疾患がよく研究されています。一次繊毛が流れを感知できなくなると、心臓や胆管の形成がおかしくなってしまうこともわかっています。器官形成という点では、細胞の配置が大きく影響する骨や歯などの硬組織においても、一次繊毛の重要性が示されています。

さらに、カルタゲナー症候群のように、複数の病気を起こす症候群（シンドローム）もいくつか知られています。例えば、バーデ‐ビードル症候群は、多肢症、網膜変性、難聴、知的障害、肥満症、糖尿病、腎異常などを伴う疾患です。多肢症は、ヘッジホッグシグナルと呼ばれる形態形成に重要なシグナルが異常になることが原因で起こります。肥満症や糖尿病は、視床下部や膵臓のランゲルハンス島などにおける満腹シグナルが、一次繊毛の異常で正常に働かなくなることで発症すると考えられています。

このように、細胞の毛の働きがなければ、私たちは健康でいることができません。

毛が生える仕組み、抜ける仕組み

私たちは普段、目に見える毛（体毛）が生えないことも、生えすぎることも気になります。しかし、細胞の毛に関しては、生えなければ病気になってしまいます。それでは、細胞の毛が生える仕組みはどうなっているのでしょうか。

体毛は根元の毛包から生えますが、細胞の毛も根元が大事です。つまり基底小体です。まずは細胞質で部品を組み立てます。それから移行帯という場所を通って本体である軸糸に組み込まれていきます。自動車の製造過程と同じです。部品はトロッコ電車のように、ダブレット微小管に沿って先端に運ばれていきます。この輸送のことを鞭毛内輸送（ＩＦＴ）といいます（図2・5、次ページ）。荷物を運ぶトロッコ電車はＩＦＴ粒子で、レールは微小管です。

さて、ダイニンの話はしましたが、細かく分けると、鞭毛や繊毛の運動を起こすダイニンは「軸糸ダイニン」、それ以外の場所で物質や小胞などの輸送を行っているダイニンは「細胞質ダイニン」と呼びます。ＩＦＴ粒子を運ぶのは、細胞質ダイニンです。

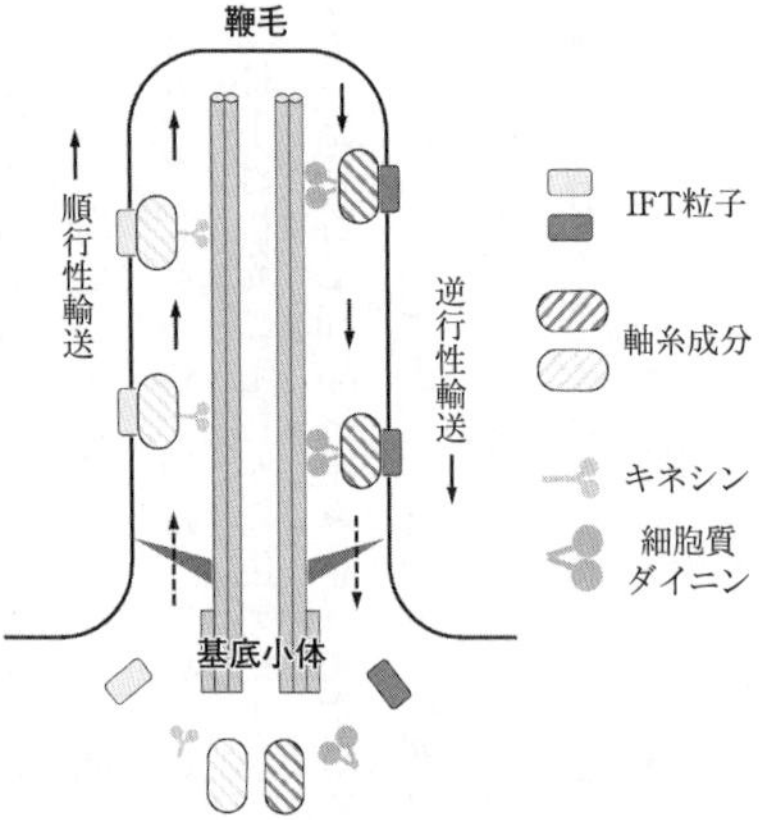

図2・5　鞭毛内輸送。「鞭毛」と名前についているが、仕組みは鞭毛も繊毛も同じである。

ここで、この後の話にも大切になりますので、微小管の方向の話をしておきます。微小管は、「チューブリン」というタンパク質が重合して筒状になったものです。筒には方向があり、微小管が伸びていく方をプラス端、反対側をマイナス端と呼びます。細胞の毛ができるときには、毛の部品をプラスの先端に運ぶ、つまり往路のモーターはキネシン、逆に先端から根元のマイナス端に向かう復路の輸送は、細胞質ダイニンが行っています。それぞれの分子モーターは、一方向にしか動かせないのです（図2・6）。

毛の話に戻りましょう。体毛は「抜ける」という特徴を持っています。脱毛の原因にはいろいろあります。アンドロジェン（男性ホ

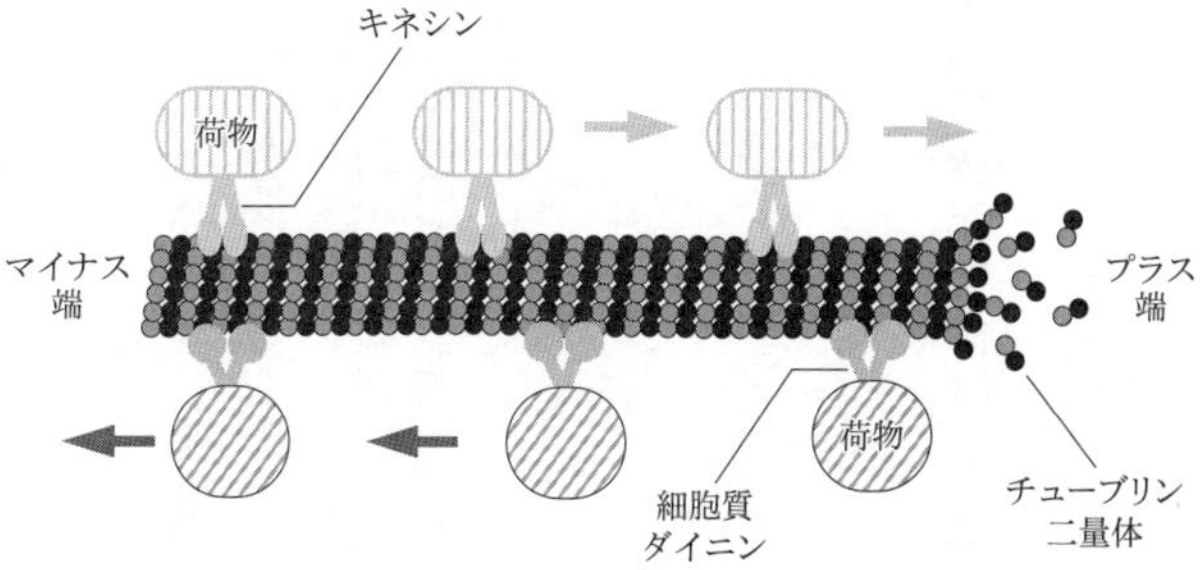

図２・６　微小管をレールにした細胞内輸送。微小管には方向性があり、輸送する分子モーターは方向によって異なる。

ルモン）の過剰な分泌やアンバランス、ストレスが原因で起こることはよく知られています。抗癌剤などの薬を投与すると脱毛することも知られています。

　体毛と同様に、細胞の毛である繊毛も自然に生え変わります。精子の鞭毛は受精して卵に入った後に抜けてしまいます。卵管上皮の繊毛は、性周期で生えたり抜けたりします。つまり、ホルモンが関係しています。気管の繊毛は、大気汚染や細菌、ウイルスの感染で抜けてしまいます。実験的には、溶液のpHを酸性にしたり、細胞の中のカルシウム濃度を高めたりすると、繊毛が抜けます。

　さて、増毛剤や植毛の技術は進んでいますが、薄くなってしまった髪の毛はなかなかもとに戻りません。ところが、繊毛は再生します。例えばウニの幼生では、塩分濃度が上がると繊毛が抜けてしまいます。しかし、通常の海水に戻すと、繊毛が再生します。高塩濃度処理を繰り返して、何回、繊毛が再生するかを調べたところ、6回という結論が出ました。これだけの繊毛を再生するだけのタンパク質が、胚の細胞に蓄えられているということになります。6回も生え変わることができると、毛でお悩みの方には朗報になるでしょう。でも、あくまで細胞の毛の話です。もちろん、頭髪も将来はそのようなことが可能になるのかもしれません。

2・2　五感のアンテナになった毛

生物は突起を伸ばして進化した

生き物や、それらを作っている器官や細胞は、それぞれ独自の形をとっています。そこには、多くの場合、なんらかの対称性が見られます。しかし、対称のものばかりではありません。何かを伸ばすことは、非対称の最たるものです。

　小腸では栄養分を吸収する表面積を増やすために、その壁はひだ状（絨毛《じゅうもう》）になっています。さらに、ひだ状の上皮細胞からは微絨毛と呼ばれる無数の突起が出ています。よく言われることですが、小腸を伸ばすとテニスコート１面分になります。

　神経細胞の突起は、長いもので１メートル以上になります。電気信号を他の神経や細胞にすばやく伝えるために、極めて非対称に長く伸びていったのでしょう。このように、細胞が突起を伸ばすのは、表面積を広げたり、外からの情報を受け取り別の細胞に伝えたりするためです。

　こうした、細胞から伸びる突起の中でも、それ自体が波打ち運動をする細胞の毛は、神経細胞などまだ存在しない、生物が進化する極めて初期に現れた構造です。原始の海の中で、単細胞生物が水の中を移動するために必要な、特別な構造だったのです。

運動をやめてしまった毛

　進化の過程で、単細胞生物が多細胞生物になると、細胞が層状になり、体の中に隙間を作りました。この「体腔《たいこう》」と呼ばれる隙間は、その中に内臓など新たな組織を作る場所として重要なところです。また、外側の細胞層の一部も、この体腔の中に陥入して、それもやがて新たな組織になっていきました。こうして出来上がった組織が機能的に配置されることで、体の前や後ろなどの方向性や左右の対称性が生まれていったわけです。

　このような変化にともなって、単細胞生物のときは主に体を動かす運動の働きをしていた繊毛の一部は、周囲からの刺激を受け取るアンテナに特化し、組織や器官の形成や維持を司《つかさど》るように変化しました。感覚器では、繊毛で外から受け取った刺激を受容し、神経を通じて脳や筋肉などに伝える役割を担うようになりました。軸糸の構造も、９＋２構造から９＋０構造に変化するものも現れました。繊毛によっては、軸糸の骨格構造である９回対称までも崩すようになりました。やがて、ダイニンもなくしてしまい、繊毛は運動しなくなりました。ここでは、情報の受容に特化し、動かなくなってしまった感覚器の繊毛を見ていきましょう。

私たちの感覚センサー

周りの環境を受け取るセンサー機能は、すべての生物に備わっています。外側に伸びた突起である鞭毛や繊毛は、このような環境の刺激を受け取るのに好都合です。単細胞である精子や原生生物（主に単細胞の真核生物の仲間）の鞭毛や繊毛も、外界の刺激を受け取り、運動性を変えることができます。

ヒトを含め脊椎動物では、感覚器が発達しています。感覚器には感覚細胞があり、外部の刺激を受容するために特化した繊毛が存在します。多くの場合、繊毛は運動性を失っています。細長い繊毛で受け取った刺激により、細胞膜の電気的な性質が変わり、それが隣接する神経細胞に伝わっていきます。

この後にお話しする一次繊毛の研究が盛んになる前は、感覚繊毛というと、主にこうした感覚器に生えている繊毛のことを指しました。今では、感覚器に存在する繊毛も含め、一次繊毛のほとんどがセンサーとしての機能を持っており、感覚器に存在する繊毛は、一次繊毛が高度に特化したものであるというように考えられています。

感覚器の繊毛

規則正しい生活があまり得意でない私が言えることではありませんが、そんな私でも、朝日があたれば朝だと感じて清々《すがすが》しい気持ちになります。美しい花や絵画を見たり、お気に入りの音楽を聞くと気持ちが落ち着きますし、運転が下手な人の車には酔ってしまいますし、サンマを焼いている匂いでお腹がすいてしまいます。私たちを含め、生物はいろんな環境に囲まれていて、そこから得られる情報をもとに行動するのです。

これらの刺激の入り口が感覚繊毛です。感覚繊毛という名前は、もともと私たちの感覚器、つまり眼とか耳とか鼻とかに存在する繊毛のことを指していました。単細胞生物の運動性の鞭毛や繊毛にも、感覚を受容する働きはありますが、多細胞生物では感覚器という特別な器官ができて、繊毛には運動する能力が要《い》らなくなりました。

そして、視覚、聴覚、嗅覚、さまざまなタイプの刺激の受容に特化して、さらに構造を変えていったのです。感覚器としては五感（視覚、聴覚、嗅覚、触覚、味覚）を司るものが一般ですが、一次繊毛の発見で、さまざまな器官に刺激を受容する繊毛が存在することがわかってきました。

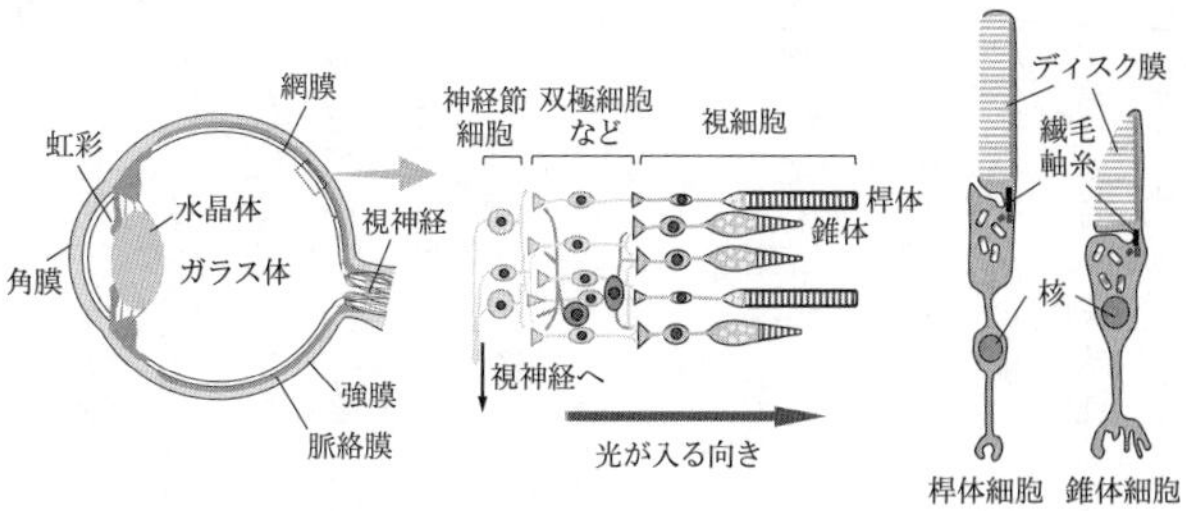

図2・7　眼の中の繊毛。

視覚の毛

眼と耳には、光や重力といった物理的な情報を受け取る感覚繊毛があります。

眼の網膜には、錐体《すいたい》細胞と桿体《かんたい》細胞という、光を受け取る2種類の視細胞があります（図2・7）。

錐体細胞は主に光の波長、つまり色の認識に関わっています。その受容にはある程度明るい光が必要です。暗いところでは色がはっきりしないのはこのためです。

もう一つの桿体細胞は、光の明るさに対して敏感で、光の強弱を認識しています。これら視細胞には光を受容する「外節」と呼ばれる部分があり、繊毛はこの外節の柄《え》の部分に存在します。細胞の核がある内節の部分と外節をつなげているので、連結繊毛と呼ばれています。

繊毛は、光を受け取るロドプシンというタンパク質を外節に運ぶレールの役割を果たしています。繊毛は9＋0構造で、中央にある2本の微小管（中心対）はありません。また、脊椎動物では、9本のダブレット微小管にダイニン腕がなく、運動性は持っていません。

なお、昆虫や頭足類などでは、視細胞の外節が微絨毛（アクチン繊維）で出来ており、感桿型視細胞と呼ばれ、結合繊毛は存在しません。これに対して、脊椎動物の視細胞は繊毛型視細胞と呼ばれます。また、光受容に使われるタンパク質（オプシン）や、光を受容するメカニズムも、脊椎動物と昆虫、頭足類では異なります。これらの違いは、動物の進化や系統を反映していると考えられています。

聴覚の毛

耳の奥にある内耳は、音と、体の平衡や回転を感じる感覚器です。音は蝸牛《かぎゅう》（別名うずまき管）、平衡感覚は前庭と半規管という部分で感知されます（図2・8）。感知に重要なのは、これらの感覚器にある毛の生えた細胞（有毛細胞）です。

有毛細胞にはステレオシリアとキノシリアという2種類の毛が生えています。ステレオシ

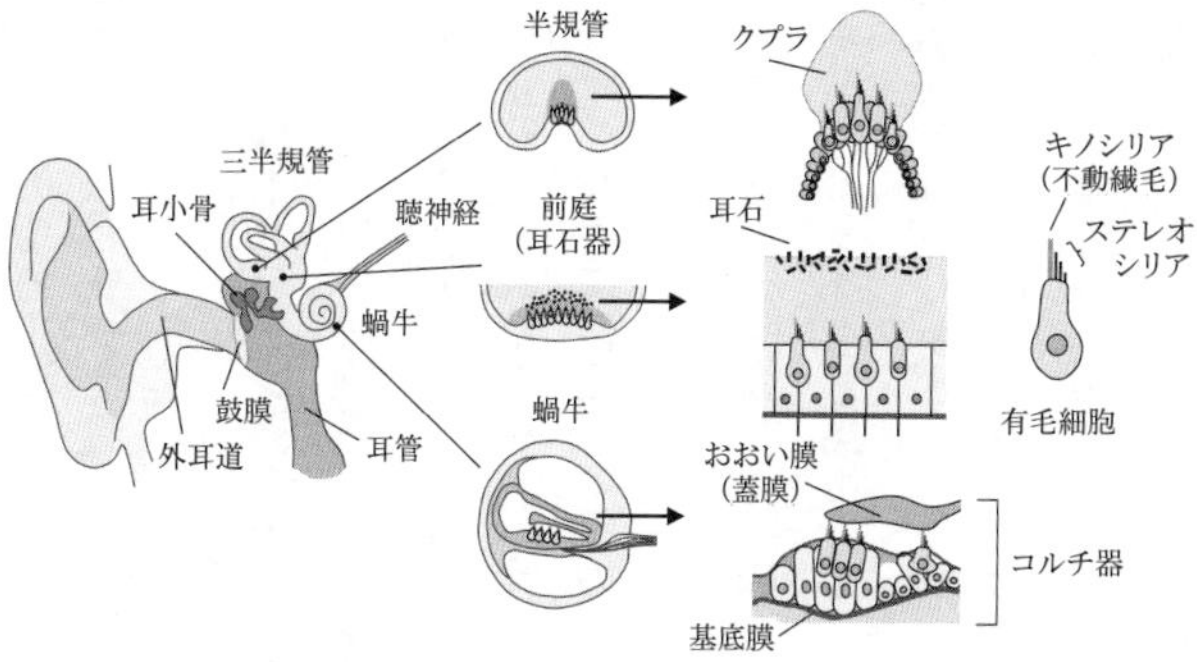

図2・8　耳の中の繊毛。

リアは、「シリア」と名前がついていますが、繊毛ではなく、アクチン繊維からなる微絨毛です。キノシリアは、ステレオシリアに密接して存在する、1本の運動しない繊毛（不動繊毛）です。キノシリアは、ステレオシリアが正常に並んで形成されるために必要で、多くの哺乳類ではステレオシリアが形成されると消えてしまいます。

音が鼓膜に届くと、耳小骨を介して蝸牛のリンパ液が振動します。それにより、コルチ器に生えているステレオシリアが傾きます。リンパ液の振動によってステレオシリアが傾くと、カリウムイオンが細胞の中に入り込み、細胞膜の電位が変化します。それが神経へと伝わるのです。

半規管と前庭には平衡器が存在し、それぞれ回転感覚と平衡感覚に関係します。どちらにもステレオシリアが存在し、その周りはゼラチン層で包まれています。半規管では、リンパ液の流れに合わせてゼラチン層（クプラ）が塊で動き、ステレオシリアを刺激し、体の回転を感じます。

前庭では、ゼラチン層の上に平衡石（耳石）が乗っていて、体が傾いてそれがずれると、ステレオシリアの細胞膜電位が変化します。何十本ものステレオシリアの脇には1本だけキノシリアが突出して存在します。キノシリアの傾く方向により、ステレオシリアの細胞膜電位が変化し、それが神経に伝えられるため、傾きを感じます。つまり、機械的な刺激を隣のステレオシリアに伝えているのです。

キノシリアは9＋2構造で、一部のダイニンが存在しません。これは動物によって異なるようです。感覚を受容する際に、ダイニンがどのように働いているのかは、よくわかっていませんが、バッタなど昆虫の耳（弦音器官）では、音の増強やチューニングに関係があるといわれています。

耳が司る聴覚は、機械刺激を受け取る仕組みの一つで、音や重力を感じることができます。ゾウリムシはものに衝突するとバックして進みますが、これは繊毛が衝突という機械刺激を感じているからです。繊毛での機械刺激受容が単細胞生物からヒトまで引き継がれてきたことを物語っています。

ここでは触覚のことにも触れましょう。触覚は触ったり押したりといった力を感じる感覚で、これも機械刺激受容の一つです。しかし、皮膚にある感覚器は、皮膚に埋もれていて繊毛は存在しません。感覚器には神経の末端が入り込んで、圧力などを直接感じています。興味深いことに、体毛の根元にも触覚受容器があり、毛包が受容器の形成に深く関係しています。つまり、細胞の毛でなく、「体毛」が細胞の感覚受容にも関わっていることになります。面白いですね。

嗅覚の毛

嗅覚、つまり匂いを感じるのは、鼻の奥、鼻腔の上部にある嗅上皮です。この嗅上皮は、繊毛の生えている嗅細胞と、微絨毛の生えている支持細胞からできています（図2・9、次ページ）。匂い物質は嗅上皮の粘液に溶けることにより、嗅細胞を経て匂いとして認識されます。私たちの周りには非常にたくさんの匂い物質がありますが、嗅細胞はこれらを高感度で識別することが可能です。そんなスゴ技を持てるのは、細胞の毛があるからこそで、嗅繊

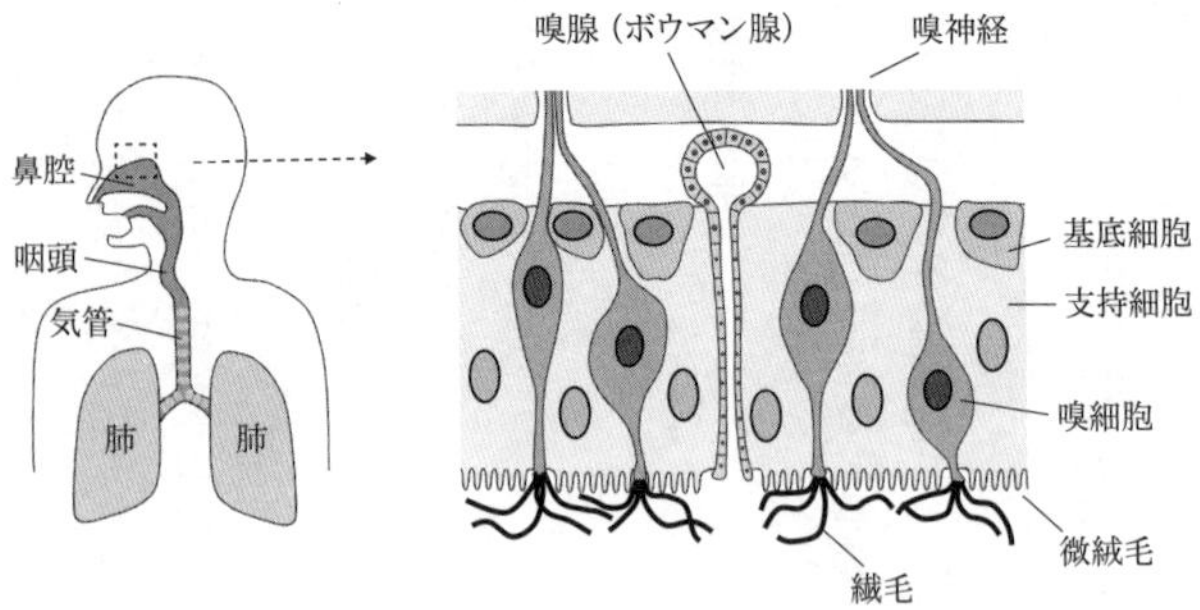

図2・9　鼻の中で匂いを嗅ぐ繊毛。鼻腔（左）と嗅覚上皮（右）。

毛には匂い物質に対応したさまざまな嗅覚受容体があるのです。

嗅覚受容体では、他の感覚器と同じく、匂い物質を受容すると、cAMPなどの細胞内シグナル分子を介して、嗅細胞の細胞膜電位が変化します。この変化は、嗅繊毛の逆側にある軸索を伝わり、シナプスを介して脳神経に伝えられます。嗅覚繊毛は、9＋2構造ですが、ダイニン腕は存在せず、シグナルを受け取るアンテナとして働いています。なお、鼻腔の広い範囲に運動する繊毛が生えていて、気管繊毛と同様に、異物の排除を行っています。

面白いことに、この嗅覚受容と非常に似た仕組みにより、卵から出てくる物質を精子が受け取ることが知られています。細胞の毛は、もともとは

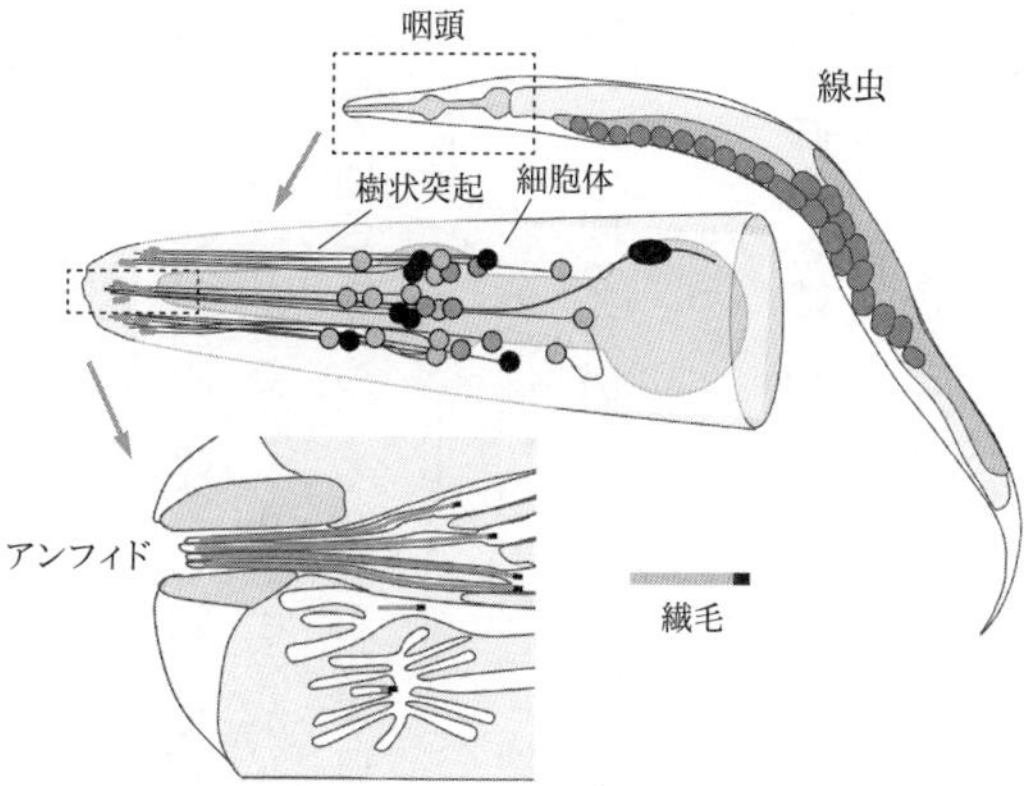

図2・10　線虫の感覚繊毛。

単細胞生物に由来し、その性質は似ています。多細胞になって、生えている場所が変わっても、似たような仕組みを受け継いできたと考えられます。

サケが生まれた川に戻ってくる母川回帰には、海流や日周期、地磁気など、多くの因子が関係していると考えられています。その中でも、関連性が明らかなのは、サケが母川の匂いを記憶し、認識できるというものです。サケの嗅覚器には、川の中に含まれる微量のアミノ酸を嗅ぎ分ける能力があるようです。魚の鼻孔の入り口には、運動性多繊毛の上皮があり、鼻の中に水を集めるような流れを作っています。私たちも匂いを嗅ぐときには息を吸い込みます。魚も積極的に水を吸い込み、匂い物質を集めて嗅覚器で感じていることになります。

ところで、線虫《せんちゅう》という生き物がいます。最近はなくなったようですが、私が小学生の頃は、毎年、学校で蟯虫《ぎょうちゅう》検査がありました。お尻の穴にセロハンをくっつける検査です。説明書にある絵は小学生の興味をそそるもので、学校ではいつも話題の検査でした。線虫には、腸に寄生する回虫や蟯虫、刺身で腹痛を起こす原因のアニサキスなどが含まれます。どれもあまり良い印象ではありませんが、細胞の数が少なく、いろいろな変異体が得られる線虫は、繊毛の働きを含め、多細胞生物を研究する実験動物として世界中で用いられています。頭の先端にはアンフィドと呼ばれる感覚器があり、動かない繊毛が存在します（図2・10、前ページ）。嗅覚繊毛は、化学物質に極めて敏感なので、最近では、ガン組織が出すわずかな匂いを高感度で検出する検査に線虫が用いられることもあります。

味覚と嗅覚

私たちは味覚と嗅覚を舌と鼻で分けていますが、化学物質を受容し、区別するという点では同じです。脳での処理が異なるのですが、食べ物の「風味」は、味覚と嗅覚が合わさって、脳で感じるものなのでしょう。

細胞の毛はどうなっているのでしょうか。嗅覚は気体に含まれている匂い物質、味覚は液体に溶けている物質を化学的に受容し、脳が識別します。もともとは同じ化学受容で、進化の過程で感覚器や神経系が分かれたと考えられます。この分岐は、海の生物の一部が陸上に進出して、空気に囲まれるようになってさらに明確になったと考えられます。もちろん、嗅覚器が直接空気と触れているわけではありません。表面は粘液で覆われており、そこに化学物質が溶け込みます。

味覚受容器は、舌や咽頭にある味蕾《みらい》です。脊椎動物では繊毛が消失し、刺激を受容するアンテナは微絨毛（骨格は微小管でなくアクチン繊維）のみです。ただし、気管の繊毛に苦味受容体があり、苦味を感じることができるという、興味深い研究もあります。

ここまで「細胞の毛」について読んだ方は、「新型コロナウイルス」と気管、嗅覚をつなぐものは繊毛ではないかとひらめく方もいるかもしれません。つまり、新型コロナウイルスに感染したときの「味がしない」「匂いがしない」という症状のことです。

注目されているのは、新型コロナウイルスの受容体が気道の繊毛（鼻腔と気管）に多く存在するということです。しかし、嗅覚上皮繊毛にはウイルスの受容体はないと報告されています。しかも、味覚受容器には繊毛がありません。気管でのコロナ感染には繊毛が関係しているかもしれませんが、匂いや味がなくなるのは、どうも「細胞の毛」とは直接関係ないのかもしれません。

魚類では、舌の他、口内、口ヒゲ、ひれなど、いろいろなところで味覚を感じます。魚類は水中に暮らしていますが、味覚と嗅覚が分かれて存在します。両者では、感度や脳に続く神経系が異なります。嗅覚細胞には繊毛がありますが、味覚細胞には繊毛はありません。

貝類やタコなどの軟体動物やミミズなどの環形動物など、いくつかの動物では味覚受容器に繊毛が存在します。線虫では、アンフィドの繊毛が匂いも味も受容します。昆虫では、感覚子で匂いや味を受容します。感覚子の中に感覚神経の樹状突起が入り込み、その根元側に、構造はかなり崩れていますが、連結繊毛が存在します。昆虫はいろいろな部位で味を感じるようです。チョウでは前肢の先端に受容器があり、脚で味を感じていることがわかっています。

地球上の生き物は、細胞の毛を使ってさまざまな方法で匂いや味を感じ取っています。細胞の毛を使った感覚の受容の違いを見ると、細胞の毛が生物の環境や進化にどのように適応して変わっていったのかがよくわかります。

2・3　組織のアンテナになった毛

動かない毛

「妖怪アンテナ」というものをご存じでしょうか。水木しげるさんのマンガ『ゲゲゲの鬼太郎』に出てくるものです。主人公の鬼太郎は、この妖怪アンテナを用いて周囲の情報（妖気）を感知することができます。ここでお話しする一次繊毛も、そのようなアンテナの役割をする毛です。妖怪アンテナならぬ細胞アンテナです。

一次繊毛は、私たちの体の中のいたるところに生えていることが知られていました。しかし、その重要性は、長い間わかっていませんでした。一次繊毛を最初に記載したのは、カール・ジマーマンであるとされています。1898年のことです。彼は、ウサギの腎臓の上皮細胞に1本だけで生えている繊毛があることを見つけ、中央鞭毛と呼びました。ジマーマンは、その1本だけの繊毛に感覚を受容する働きがあることをすでに予想していたようです。

しかし、この毛は未成熟な繊毛とか、生えそこなった繊毛とか、いろいろな解釈がなされていました。その後、セルゲイ・ソロキンが１９６８年に、その繊毛を一次繊毛と呼びました。いろんな細胞に、最初に、一時的に現れるという意味です。実は、海産の無脊椎動物にある運動しない繊毛の顕微鏡観察は古くからあり、これらの多くは未成熟繊毛と記載されています。重要性がわからないまま記載だけが残っていたのです。奇しくも、一次繊毛の研究は、ヒトにおける疾患との関係が発見されたことで大きく進みました。

腎臓の一次繊毛

私は、大学院ではウニ精子の研究、助手になってサケなどの魚類や、いろいろな海産生物の精子の研究をしていました。

１９９６年に6カ月間、海外で研究できる機会を得ました。「細胞の毛」の研究では、鞭毛の変異体が得られる単細胞生物のクラミドモナスが主流になりつつあった頃で、私はいったん海から離れ、クラミドモナスの鞭毛の研究を行っていたアメリカ・ウースター実験医学財団（現在はマサチューセッツ大学医学部に合併）のジョージ・ウィットマン博士の研究室を選びました。その時、同じ研究室のポスドクに、やはりクラミドモナスの鞭毛を研究してい

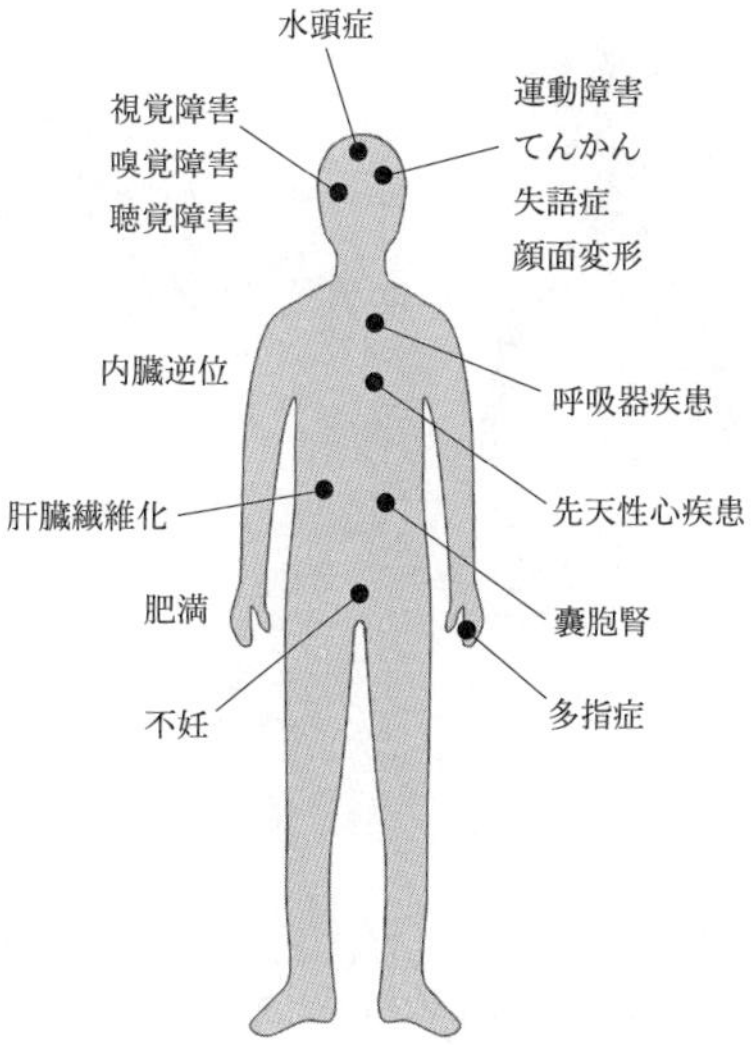

図２・11　さまざまなところで起こる繊毛病。

たグレッグ・パズア博士がいました。私と彼には天体観測という共通の趣味がありました。

パズアは、マサチューセッツ大学医学部に移った後、重要な発見をしました。繊毛形成に関わるＩＦＴ88の遺伝子が、腎臓の病気である「嚢胞腎」に関わる原因遺伝子の一つ（ポラリス）と同じものであるという発見です。運動性の繊毛が疾患と関わることは、アフゼリウスによるカルタゲナー症候群の研究、野中・廣川らよるノード繊毛の研究でわかっていました。パズアの研究は、一次繊毛形成と

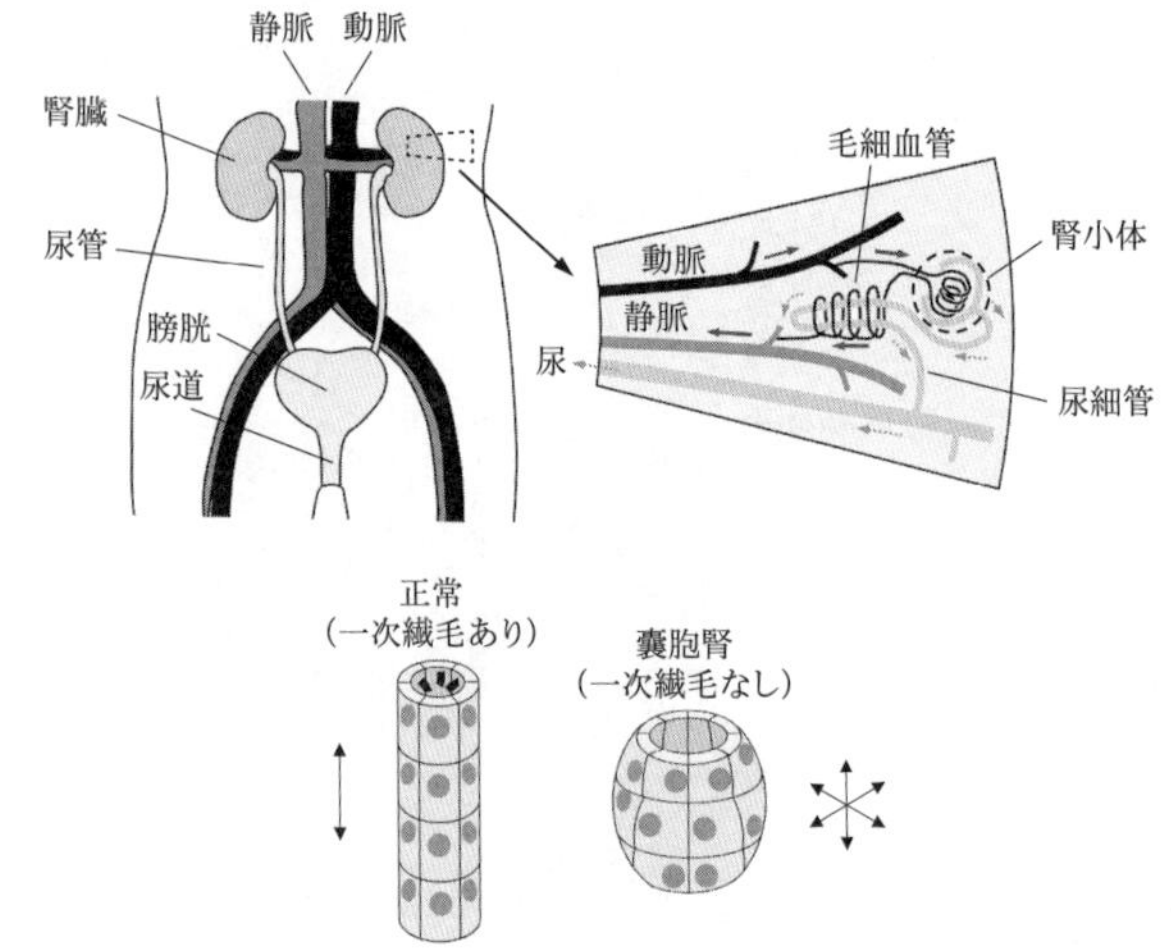

図2・12　（上）腎臓の構造。腎臓は血液から老廃物を濾過して尿を作る。（下）尿細管には一次繊毛が生えている。それが異常になると、細胞の分裂方向（矢印）がおかしくなり、管が作れなくなり腎臓病（嚢胞腎）になってしまう。

繊毛病の関係を明らかにした最も初期の研究です（図2・11、前ページ）。これ以降、医学からも繊毛研究に参入する研究者がかなり増えました。

　腎臓は血液から老廃物を除去し、尿を作る大切な器官です。体内水分量や血液成分の調節にも大切な器官です。また、レニンというプロテアーゼ（タンパク質分解酵素）を分泌し、血圧の上昇にも関係しています。腎臓は、腎小体と尿細管からなるネフロンが多数集まってできています（図2・12）。腎小体は、毛細血管から血液を濾過し、原尿を作ります。原尿は尿細管へと流れますが、そこでは周りを張り巡らせている毛細血管に、必要な物質が再吸収されます。その残りが尿となります。

この腎臓にも細胞の毛が重要な役割を果たしています。尿細管を作っている細胞には、管の内部に向かって一次繊毛が生えていて、腎臓の一次繊毛が形成されないと腎臓病になってしまうのです。

流れを感じる一次繊毛

嚢胞性腎疾患（ＰＫＤ）は、組織に多数の空所（嚢胞）が生じてしまう病気です（図２・12）。腎臓は肥大化し、表面もボコボコし、腎機能が低下します。アメリカでは発症率が高く、５００人に１人の割合です。嚢胞性腎疾患はいろいろな原因で起こります。尿細管を作っている細胞が異常に増殖するのもその一つです。正常な尿細管は筒状の管ですが、これは尿細管の細胞の増殖が尿細管を流れる原尿の水流できちっと制御されているからです。

尿細管上皮細胞の一次繊毛には、ポリシスチンと呼ばれるイオンチャネルがあります。流れがあると繊毛が傾き、その機械的な刺激によって、チャネルからカルシウムイオンが繊毛

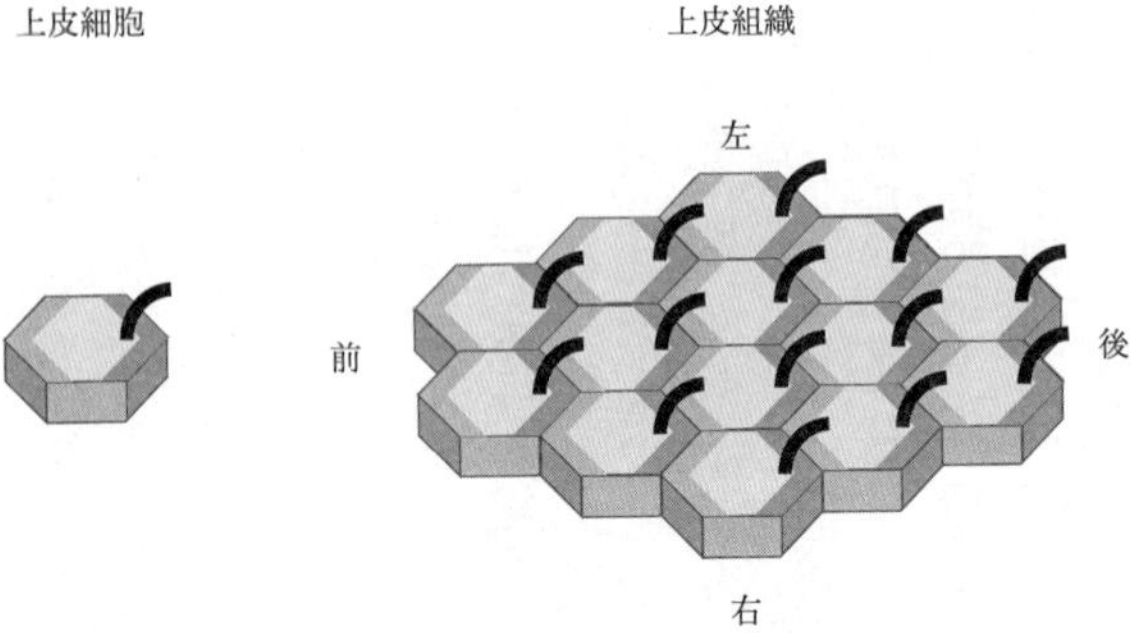

図2・13　平面内細胞極性。細胞が層状に並んでいる上皮細胞には極性があり、タンパク質や細胞構造が方向性を持って配置されている。

の中に流れ込みます。

繊毛から中に入ったカルシウムは、どのようにして細胞の配置につながるのでしょうか。これを理解するために、上皮細胞の成り立ちについてもう少しお話ししなければなりません。

細胞がシート状に並んでいる上皮組織では、細胞に方向性があります。これを細胞極性と呼びます。外側と内側で細胞構造が異なりますし、シート方向にも細胞の極性があります。シート方向の極性を平面内細胞極性といいます（図2・13）。カルシウムイオンが繊毛の中に流れ込むと、それが引き金になって、ウイントと呼ばれるタンパク質をはじめとする、平面内細胞極性に必要な因子が働くようにな

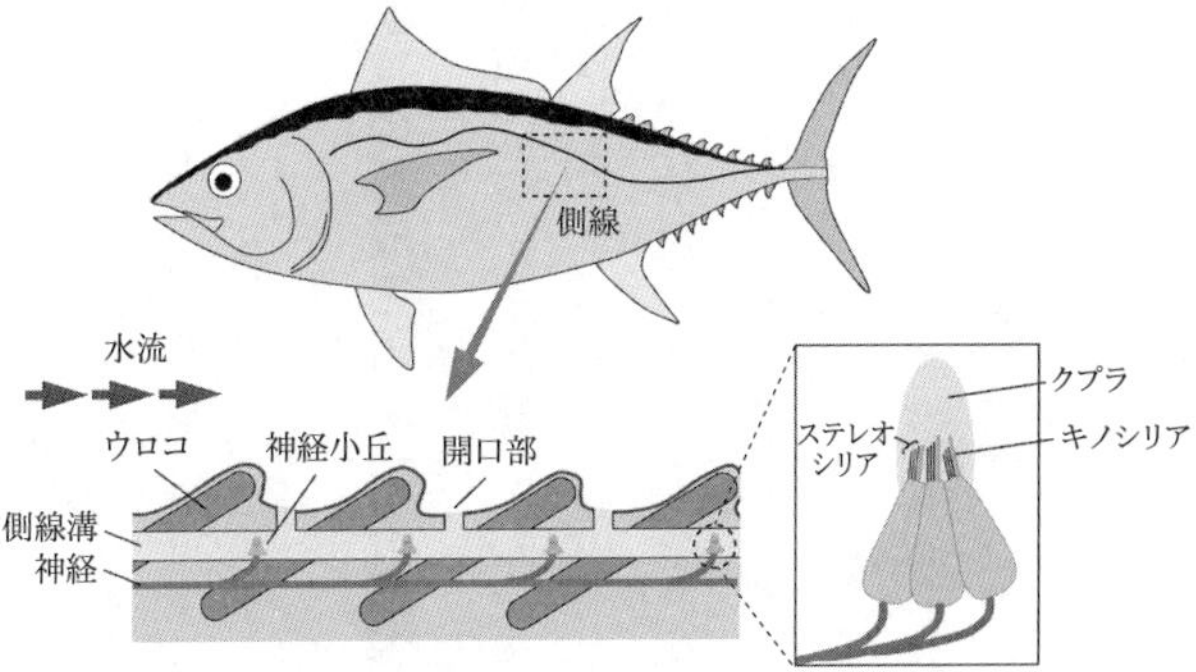

図2・14　魚の側線による水流の感知。

ります。

こうした反応により、細胞が方向をそろえて分裂し配置され、尿細管が管状になると考えられています。多発性嚢胞腎という遺伝病が起こる原因の一つは、このポリシスチンの遺伝子に変異があるため、原尿の流れに応答したカルシウム流入が起こりません。このため、平面内細胞極性が異常になり、正常な管が作れなくなってしまうのです。

流れを感じる一次繊毛は、意外なところにも存在します。イワシなどの魚は、多数がまとまって泳ぎます。これを「スクーリング」と呼びます。これには、魚の体の左右を走っている側線が関係しています。側線の中には、有毛細胞が埋まっていて、周りの魚が泳ぐときに発生する水流を感知します（図2・14、前ページ）。構造は内耳の感覚毛と似ています。水流の機械刺激を繊毛が受け、それが脳に伝わり、行動につながるのです。魚の俊敏な動きは、細胞の毛があるからこそ可能になります。

器官の形成を司る一次繊毛

先に述べたバーデ‐ビードル症候群などでは、一次繊毛の欠損でさまざまな器官形成の異常が見られます。小さな細胞の毛と四肢の形成、大きさの規模が違うこれらの現象はどのように結びつくのでしょうか。それは、体の左右非対称形成の場合と同様、器官形成の初期のシグナルとして、繊毛が重要な役割を果たしていることと関係します。

器官は、いろいろなタイプの細胞が分化し、それが軸に沿ってパターンを作っていくことで出来上がります。そのパターンを形成するためには、細胞の増殖と分化を調節する増殖因子が必要です。増殖因子がどの場所で、どのタイミングで、どのくらい作られるのかが、器官形成には重要ということになります。

体節の軸形成に関係する分泌性タンパク質に「ヘッジホッグ」というものがあります。へ

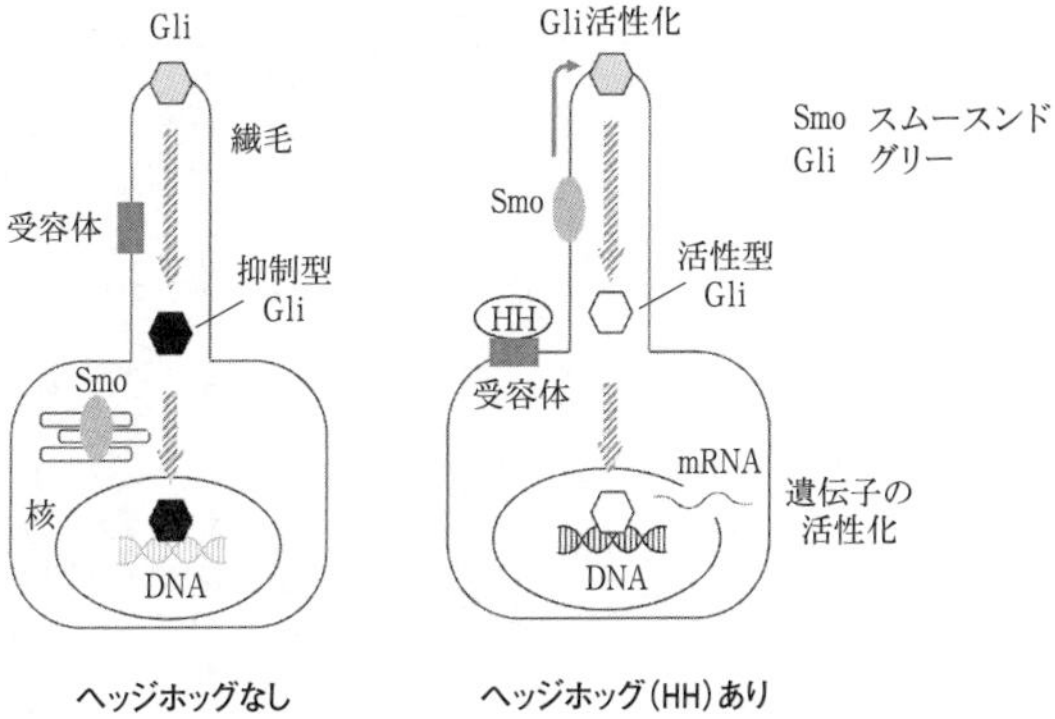

図２・15　ヘッジホッグシグナルは繊毛を用いて形作りの遺伝子を活性化する。

ッジホッグとはハリネズミの意味で、ショウジョウバエの幼虫表面にある剛毛の分布がおかしくなり、ハリネズミのようになる変異体から名前がつけられました。

このヘッジホッグは、他の生物にも広く存在します。脊椎動物のヘッジホッグは、四肢、頭部の形成や、体軸形成、癌化に重要な役割を果たします。

ヘッジホッグは細胞膜にある受容体と結合します。その後に、スムースンドと呼ばれるタンパク質が繊毛に移動して、繊毛にあるグリーというタンパク質を活性化します。これが核へと移動し、増殖因子など、形作りに関わるさまざまな遺伝子を活性化します（図２・15）。

例えば、多肢症では、指は正常に形成されるのですが、このグリーがうまく働かないために、本数が5本でなく6本になってしまいます。このように、一つの器官が出来上がるすべての過程を繊毛が制御するわけではありませんが、一次繊毛は器官を形成する複雑なメカニズムの一部を担っているのです。

ミクロの細胞の毛、それが動くことで作り出される流れや受け取る刺激はとても小さなものです。しかし、それが正常に働くことで影響を与える範囲は、腎臓などの器官、手足、ひいては体全体の非対称性にまで、とてつもなく広い範囲に及ぶのです。小さな毛ですが、生き物の命を支えている大切な毛なのです。

第3章

毛のルーツは生命のルーツ

3・1　細胞の毛と生命進化の深い関わり

進化の中で生き続けてきた細胞の毛

第2章でお話ししたように、細胞の毛は、私たちの体の至るところで大切な働きをしています。この細胞の毛が働くことで、心臓は左に位置し、さまざまな感覚を持て、ウイルスの侵入を防ぐことができ、腎臓などの臓器も正常に機能するように作られるのです。細胞の毛は私たちの体を健康に保ってくれる不可欠な存在です。

心臓や脳、あるいは腎臓の重要性はそれなりに広く知られていると思います。しかし、細胞の毛は、それらの臓器と同じくらい重要な存在なのに、そのことはほとんど知られていません。読者の皆さんには、これを機会に細胞の毛のことをもっと意識してもらいたいと思います。この細胞の毛があったからこそ、生き物は生き残ることができ、ここまで進化できたのです。

細胞の毛のルーツを見つめることで、生き物の進化についてもよくわかってきます。細胞

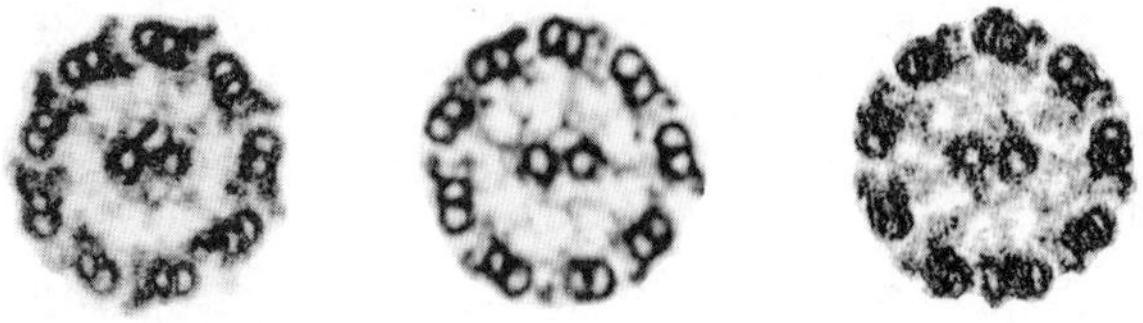

図3・1　軸糸の比較（電子顕微鏡写真）。左からクラミドモナス鞭毛、ウニ精子鞭毛、マウス精子鞭毛。

の毛は、真核生物が誕生したときから存在していたと考えられています。そして、9＋2構造という複雑で見事な構造も、その頃からほとんど変わっていません。その美しい様子は、私の研究室で撮影した電子顕微鏡の写真を見ていただけるとわかると思います（図3・1）。よく見ると、細かい違いがないわけではなく、その違いは繊毛の研究にとても重要です。皆さんが見るのと、私が見るのとでは違った発見があるかもしれません。時間があるときにでも、じっくり眺めてみてください。

この章では、細胞の毛のルーツを探っていきたいと思います。いったい、どのようにして細胞に毛が生えたのでしょうか。そして、進化の過程でどのように引き継がれてきたのでしょうか。それを知るためには、はるか昔にさかのぼる必要があります。まずは生命誕生の歴史から見ていきましょう。

生命の誕生と水

地球が誕生して46億年がたちます。地球が他の惑星と異なるのは、生命の星であるということです。原始の地球は、隕石が頻繁に衝突し、マグマに覆われていたと推測されています。やがて隕石の衝突が減り、地球の表面が冷えて、水蒸気が水になり降り注ぎました。それが原始の海です。40億年前のことです。その海で、生命は38億年前に生まれたと考えられています。

原始的な大気と水が存在している状態で、加熱や放電を行うと、炭素と窒素、酸素が共有結合し、生命の基本的な要素であるアミノ酸などの生体物質ができることが、１９５３年の実験で証明されています。米国の化学者ハロルド・ユーリーの研究室にいたスタンリー・ミラーによるものです。実際は、高温、高圧である海底の熱水噴出孔が、生体物質ができた舞台であると考えられています。鉱物に含まれている金属イオンも、酵素の触媒として生体物質が誕生するのに一役買いました。

生体物質の誕生は、生命の最初の一歩であったわけですが、生命を特徴づけるもっと重要な出来事は、細胞の誕生です。つまり、周囲と区画された空間の中にさまざまな構造体を作り、閉じ込め、維持できるようになり、さらにそれが複製できるようになったのです。簡単に言うと、生命というものは、外と隔てられた細胞があって、それをコピーできる仕組みを持つことで成り立つのです。

実際にどのように最初の細胞ができたのかは、今もまだわかっていません。ただ、リン脂質が二層になった細胞膜の中に生体物質が区画化されたことは、細胞の誕生の鍵を握っていたに間違いありません。区画化に関しては、生命の起源に迫った旧ソ連の生化学者のオパーリンをはじめ、複数の研究者から説が提唱されました。複製に関しては、ＤＮＡよりもＲＮＡが最初の複製分子として働いたと考えられています。ＲＮＡはそれ自体、酵素活性を持っていますので、材料を自ら合成した可能性も考えられるわけです。

私は学生の頃、量子物理学者のエルヴィン・シュレーディンガーの著書『生命とは何か』を読みました。その中で彼は、生物はエネルギー的に不可解で、「負のエントロピーを食べている」と述べています。

エントロピーは乱雑さを意味します。エントロピー増大則は、集まっているものは乱雑さが増大する、すなわち拡散する方向に進むという法則です。水の入ったコップの中に垂らした一滴のインクが自然と広がるように、集まっている粒子は放射状に拡散するのがエネルギー的に安定する方向です。何もしなければ物質は拡散し、「エントロピー」は増大する方向に行きます。

しかし、細胞は構造を作っていきます。細胞が、周囲とのやりとりがなく閉じたものとすると、シュレーディンガーが考えたように、エントロピーが低い方向に進む（増大しない）生命は不可解かもしれません。しかし、生命は周りからエネルギーを取り込むことで、細胞の中でいろんな構造物を作り、維持しています。つまり、周囲と通じている開放系の中で、エネルギーの収支はつり合い、体はバラバラにならずにいるのです。

生命とエネルギー

エネルギーとは、「仕事」をする能力のことを意味します。ここでの仕事とは、何か変化を起こす能力で、運動をしたり、物質を合成したり、熱を発生したり、光ったりすることを示します。生命を維持するためにはエネルギーを周りから取り込むことが不可欠です。エネルギーにより、いろんな構造を作ったり、運動したりすることができ、「負のエントロピー」を保つことができます。

細胞は、これらの仕事を行うために、エネルギーを供給する物質を作ります。これがＡＴＰ（アデノシン三リン酸）です。ＡＴＰはその分子内の化学結合の形で、エネルギーを蓄えることができます。体内でＡＴＰを分解（加水分解）すると、その過程でエネルギーが生じて、これが体内の「仕事」に用いられます。

図３・２　海のプランクトンとしてごく普通に見られるコロニー性のシアノバクテリア。

生命が誕生した初期の頃は、周りにある有機物を使ってＡＴＰを作っていたと考えられます。解糖系や発酵のように、有機物を分解することでエネルギーを取り出し、それをＡＴＰに蓄えたわけです。しかし、酸素が増えてくると、酸素を使った呼吸（電子伝達系）により効率よくＡＴＰを作り出す細菌が現れました。この細菌が、アルファ・プロテオバクテリアで、「ミトコンドリア」の起源とされています。

ただ、わずかに存在する有機物をエネルギーに利用するのにも限界があります。そこで画期的であったのは、ふんだんに降り注ぐ太陽光のエネルギーを利用し

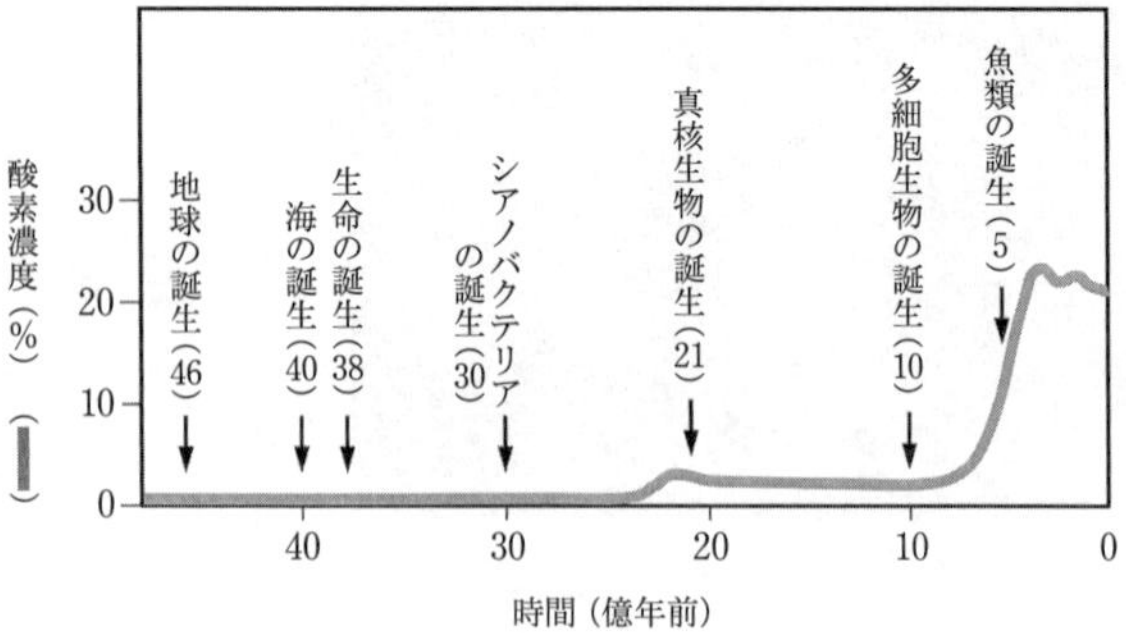

図3・3　地球と生命の歴史。

て、それを酸化還元のエネルギーに変換し有機物を作る炭素固定の反応、すなわち「光合成」を行う細菌が出てきたことです。

最初の光合成細菌は、酸素を発生しない炭素固定でした。やがて酸素発生型の光合成を行う細菌であるシアノバクテリア(藍藻)が現れました(図3・2、前ページ)。これが「葉緑体」の起源です。30億年前のことです(図3・3)。

オーストラリア西部の海岸などで見ることができるストロマトライトは、当時繁栄したシアノバクテリアのかたまりからできている岩石です。光合成により地球上に酸素が蓄積したことにより、酸素呼吸が加速されました。

なお、アルファ・プロテオバクテリアによる酸素呼吸の起源は、酸素発生型光合成よりも古いことが知られていますが、シアノバクテリアがまだ現れていない頃、呼吸に必要な酸素をどこから得ていたのかはわかっていません。

いずれにしても、ミトコンドリアと葉緑体は、生物がエネルギーを変換するための二大装置で、その後の爆発的な真核生物の進化を可能にしました。私たちは、植物を食べ、植物を食べる動物、あるいはその動物を食べる動物を食べ、それを消化し、植物プランクトンや藻類、陸上植物が作り出す酸素で呼吸しています。このごく普通の生活は、38億年の細胞の歴史の上に成り立っているのです。

バクテリアと真核細胞のはざま

ここで、進化を語るときに必ず必要になる「分類」について、少し説明したいと思います。

生物を分類することはアリストテレスの頃、つまり紀元前から行われていました。その後、二名法を広め、生物体系の基礎を築いたのは18世紀のカール・フォン・リンネです。リンネは「界」という生物の大区分の概念を築き、動物界と植物界からなる二界説を唱えました。動くかどうかで動物と植物に分けるのは、当然の成り行きでしょう。

その後、1969年にホイタッカーが五界説を提唱しました。生物を動物界、植物界、菌界、原生生物界、そしてモネラ界（原核生物）の五つの界に分けたのです。その直後の1970年に、後述のマーギュリスが少し変えた形で五界説を出しました。この説は、真核生物の共生進化に基づいていて、藻類の扱いがホイタッカーの五界説とは違っています。その他の部分は変わりません。

現在では、1990年に遺伝子解析に基づきカール・ウーズ博士が提唱した、生物界を三つのドメイン、すなわち、私たちがよく知る動物や植物など細胞の中に核を持つ「真核生物」、大腸菌など細胞の中に核を持たない原核生物である「細菌」（真正細菌）、そして、細菌と似ているものの、遺伝子配列や用いられている生体物質が細菌とは異なる「アーキア」（古細菌）に分ける考え方で、現在ではこれが広く認められています（図3・4）。

アーキアの多くは、深海の熱水噴出孔にいるメタン菌や、温泉などにいる高熱菌など、極限環境に生息しています。アーキアのDNA複製を行う酵素は、細菌とは大きく異なり、真核生物のものに近いことなどから、真核生物はアーキアから進化してきたと考えられています。やがて、DNAは細胞の中で膜に隔離されて核になりました。その核を持つ真核生物の誕生は21億年前とされています。私たち真核生物の祖先では、21億年前、細菌であるアルフ

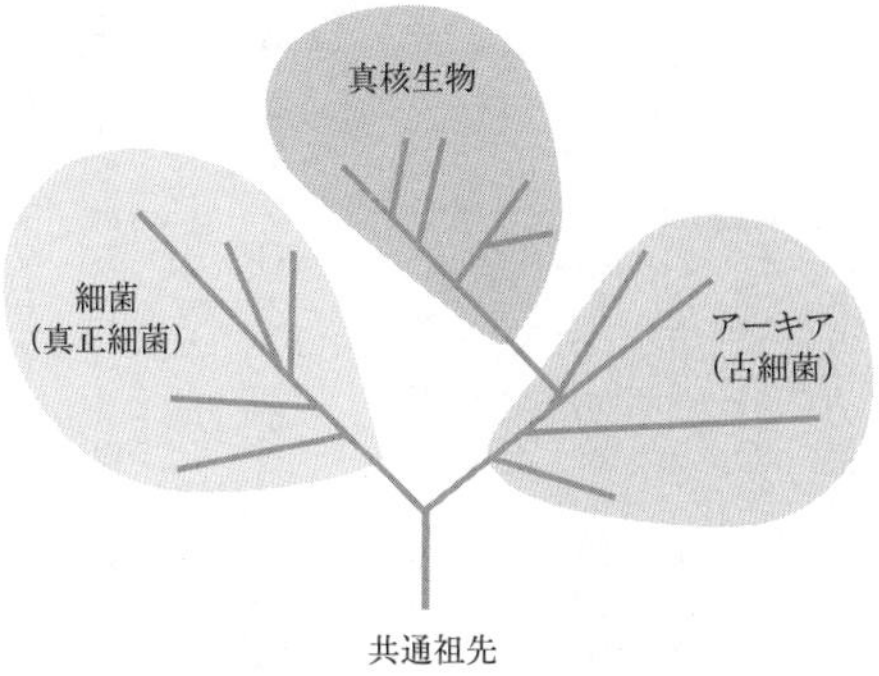

図3・4　生物界の3つのドメイン。

ア・プロテオバクテリアがアーキアに共生し、ミトコンドリアになりました。また、ミトコンドリアを持った原始的な真核生物にシアノバクテリアが共生し、葉緑体を生み出し、藻類が誕生しました。

実際は、アスガルドと呼ばれるアーキアが真核生物の起源であるといわれています。本書を書いているときに、海洋開発研究機構のグループが、このアーキアの培養に成功したという研究が発表されました。今後、アスガルドを用いた実験がいろいろと行われるようになって、私たち真核生物の起源についての理解が深まるでしょう。

共生によって生まれた真核生物

今の地球上で見られる多種多様な生き物たちはどのように現れてきたのでしょうか。生物の進化や起源には、生物学に関わる方のみならず、多くの皆さんが興味を持っていると思います。進化に関する説は、反論が多かったり、覆されることが多いのも確かですが、それに関する新しい研究の話や論文を聞いたり読んだりすると、私はいつもワクワクした気持ちになります。

進化説についてまず思い浮かぶのは、自然選択によって生物が進化することを説いたチャールズ・ダーウィンでしょう。ダーウィンは、同じ種の生物でも少しずつ異なった形態や性質を持っているが、ある環境の中でより有利なものが子孫をより多く残し、その繰り返しにより種が生まれ進化すると考えました。この考えは、細胞が誕生した単細胞生物の頃の進化にも当てはめることができます。

しかし、この考え方に反対する研究者が現れました。リン・マーギュリス博士です。彼女は、進化の原動力は競争ではなく共生だと説いたことで知られます（共生進化論）。

私は彼女の講演を直接聞いたことがあります。１９９６年に滞在した前述のウースター実験医学財団では定期的に公開のセミナーがあり、その日のセミナーがマサチューセッツ大学のリン・マーギュリスだったのです。共生説については知っていましたが、講演の内容は「本当かな？」と首を傾げてしまうところもありました。実際、一緒に聞いていた同じ研究室の仲間は「鵜呑みにしてはダメだ」と囁《ささや》いていました。

ただ、私にとってはかなり面白かった記憶があります。リン・マーギュリスはユーグレナ（ミドリムシ）の研究をしていて、葉緑体が細胞の中で独立して分裂すること、葉緑体の中にＤＮＡが存在することを見つけ、細胞が他の細胞を取り込んで共生によって真核細胞が誕生したことを説きました。ミトコンドリアと、繊毛の基部に存在する中心体（基底小体）も、同じように共生によって獲得したと考えました。実際、ミトコンドリアの中にはＤＮＡがあって、核のＤＮＡと同様に複製されます。こうして、細胞内共生説の提唱者、リン・マーギュリスは、進化の過程で複数の原核生物の系統が融合して新しい系統、真核生物が誕生したと考えました。

遺伝子が親から子へ伝わる垂直的な進化しか知らなかった１９６７年の当時は、マーギュリスの考えはあまりにも突飛でした。共生説は、シンパーやメレシコフスキーによって19世紀末から20世紀初めにも提唱されていましたが、受け入れられませんでした。しかし、マーギュリスが報告したときには、電子顕微鏡像やDNAのデータもあり、共生説を支持する証拠として、より説得力がありました。

共生説によると、真核生物の祖先の細胞にまずミトコンドリアが入って共生し、さらに葉緑体が共生したものがバイコンタ（すべての植物や藻類などが含まれる大分類群）であり、その後に葉緑体を消失したものが繊毛虫（繊毛で覆われている単細胞生物）などの仲間です。再度、藻類が共生（二次共生）して、ハプト藻類や褐藻などが生じたと考えられています。また、葉緑体の共生がなかったものが菌類であり動物です。共生という現象は、生物の進化にとって新しいタイプの細胞を作るのみでなく、その後の進化系統に必須であったと考えられています。

繊毛の誕生についての仮説

マーギュリスの説いた共生説はとても興味深いものがありました。ミトコンドリアや葉緑体と同様に、繊毛も彼女の言うように共生によって生まれたのでしょうか。実は、彼女の説には大きな誤りとされることがあります。それは、鞭毛・繊毛や中

に感染し、そこから微小管が伸びて、ＩＦＴによって軸糸成分が運ばれるというものです。ただ、不可解なのは、中心体や軸糸といった回転対称の緻密な構造が、感染したウイルスから必然的に細胞の中で作られたのか、それとも偶然の出来事があったのかということです。

いろんな生物を眺めると、ときに考えもつかない機能を獲得することがありますが、進化を考える場合に、私たちは、現存の生物、あるいは化石しか見ることができません。複雑であるものの、規則正しい構造を持つ中心体や鞭毛、繊毛は、少しずつ出来上がっていったのでしょうか。それとも突然、外からやってきたのでしょうか。

繊毛の起源は今でも謎です。共生説は否定されていますが、可能性としては残されていると私は思います。いつか、この謎が解かれる日は来るのでしょうか。

チューブリンとダイニンの起源

さて、細胞の毛を特徴づける二つの主要なタンパク質は、チューブリンとダイニンです。チューブリンは、私の恩師である毛利秀雄博士によって、ウニ精子鞭毛の主要成分として１９６８年に命名されました。毛利先生は、同級生の丸山工作博士が用いた、アミノ酸の構成から異なるタンパク質を区別する方法を用いて、ウニ精子鞭毛の繊維成分が筋肉の成分であるアクチンとはまったく異なることを示しました。微小管（マイクロチューービュル）を構成するという意味で「チューブリン」と命名しました。このとき、チューービュルにタンパク質（プロテイン）の「イン」をつけ英語で発音すると「チューブラリン」になり、日本人にとって実に情けない名前になるということで、当時、お茶の水女子大学にいて、精子の先体反応を見つけた団ジーン博士に相談し、「チューブリン」に決めたと聞いています。

一方、ダイニンは、ハワイ大学（当時はハーバード大学）のイアン・ギボンス博士により、1965年に繊毛虫テトラヒメナの繊毛から運動のエネルギー源であるATPを分解するタンパク質として単離されました。当時の力の単位ダイン（今の単位は「ニュートン」）とタンパク質につける「イン」から命名されました。筋肉の分子モーターであるミオシンと異なることも示しました。

ダイニンは、その後、精子や緑藻類クラミドモナスなど、多くの鞭毛、繊毛から単離されています。ギボンスは、この後に何回も登場しますが、鞭毛や繊毛の研究では、常に新しい研究を続け、ダイニンや繊毛の分野で、重要な発見をいくつも成し遂げてきた研究者です。

歴史的な前書きはさておき、チューブリンとダイニンの起源を考えてみましょう。この二つの起源がわかれば、「細胞の毛」のルーツも明らかになるかもしれません。

細胞の骨格を作るタンパク質にはチューブリンやアクチンなどがあります。それらの祖先は、細菌やアーキアで見つかっています。それぞれ、「FtsZ」および「MreB」というタンパク質です。どちらも繊維状の構造を作りますが、FtsZは分裂するときにリングを形成するなど、どちらかというとアクチンに近く、MreBはＤＮＡ分離に関係するなど、逆にチューブリンに近い働きをします。機能的に両者は逆に見えます。ある種の細菌やアーキアには、FtsZよりもさらにチューブリンに近いタンパク質がありますが、これはある生物から別の生物に遺伝子が移動する水平移動により、真核生物のチューブリンが取り込まれたものとされています。

ＡＴＰを加水分解してエネルギーを取り出すことは非常に重要ですので、細胞には非常に多くの種類のＡＴＰ加水分解酵素が存在します。一般に、似たようなタンパク質は、それらを構造の特徴から、「○○ファミリー」とグループ分けがされ、整理されています。

ダイニンはＡＡＡ（トリプルエー）と呼ばれる、ＡＴＰ加水分解酵素のファミリーに属します。ダイニン分子のＡＴＰを分解する部分は、このＡＡＡと呼ばれる領域（ドメインまたはモジュール）が六つあるドーナツのような構造です（第４章を参照）。ダイニンの祖先分子は、分子構造が似ているということから、同じＡＡＡファミリーの「分子シャペロン」の仲間ではないかと想像されています。分子シャペロンは、タンパク質の鎖を折りたたんで立体構造を作る手助けをするタンパク質です。ＡＡＡを複数持つ、いくつかの分子シャペロンが、ダイニンの起源候補に挙げられていますが、本当にダイニンの祖先かどうかは、いまだわかっていません。

このように、チューブリンやダイニンの祖先分子、あるいはそのもととなる分子は、まだ特定されていません。しかし、細菌やアーキアにすでに存在していた可能性が高いです。鞭毛や繊毛を作っているタンパク質が、どの生物から現れ、どのように変わっていったのかを知ることができれば、「細胞の毛」のルーツや、共生説が正しいかどうかもわかるかもしれません。

しかし、まだまだ謎に包まれています。

生物はどのように進化してきたのか。私たちはまだ、多種多様な生き物を完全には分類できていません。進化の過程がよくわかっていないからです。つまり、人類はまだまだ地球上の生き物の全容を捉え切れていないのです。それを知るには、より多くの研究が必要です。

そして、その生き物の研究の中には、間違いなく細胞の毛のルーツに関するものが含まれます。なぜなら、生物には必ず細胞があり、その細胞にはたいてい毛が生えているからです。しかも、その毛の数や動きで生き物を分類すると、うまく分けることもできそうなのです。

3・2　真核生物の進化の分かれ道

生き物は毛が1本か2本かで分けられる

『ゲゲゲの鬼太郎』の妖怪アンテナの話はしましたが、「毛」といえば『オバケのQ太郎』の主人公であるQ太郎の「毛が3本♪」でしょう。藤子不二雄さんのマンガです。「バケラッタ」としか喋らない弟のO次郎はカールした毛が1本です。妹のP子には蝶々のリボンがついた1本の毛が生えています。さて、オバケの世界とは違い、私たちの進化には違った本数の毛の歴史があるようです。

細胞の中の微細構造の違いから真核生物を大きく区分するのが、トーマス・カバリエ-スミス博士らが提唱している「大系統」です。カバリエ-スミスは、もともと単細胞生物のク

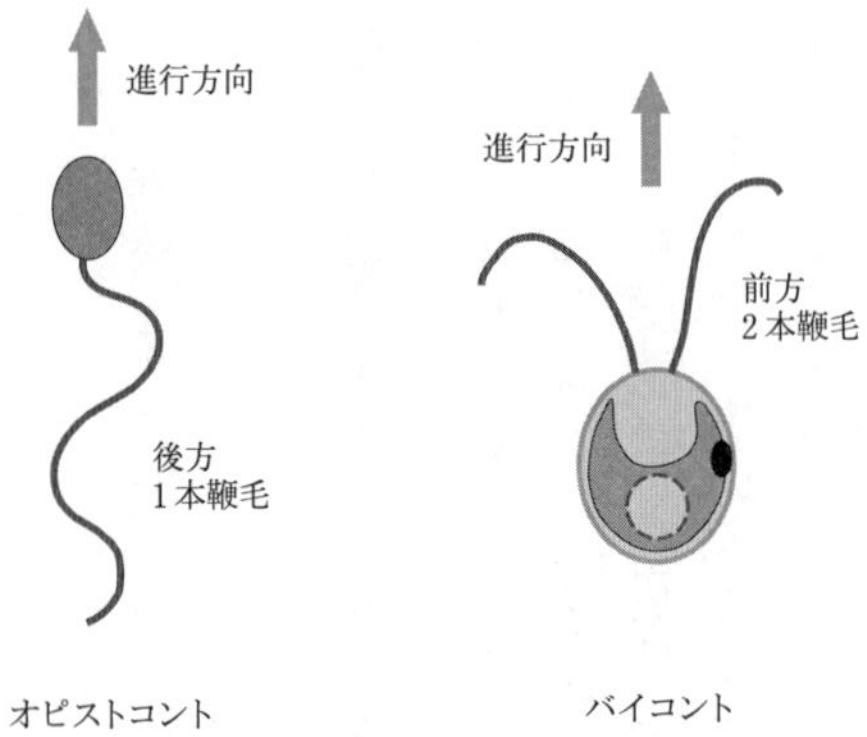

図3・6　オピストコントとバイコント。

ラミドモナスの鞭毛など、オルガネラの研究をしていたため、細胞学的な知識があります。彼の考えに基づいた、最も受け入れられている真核生物の分類法は、細胞の毛の本数と泳ぎ方が基準になっています（図3・6）。

この分類法では、動物と菌類をまとめて「オピストコント」、アメーバや粘菌類を含むアメーボゾアとそれ以外の生物（バイコント）を「アンテロコント」にまとめています。「オピストコンタ」というように、コンタを使う場合も見られますが、これは正式に分類群として示す場合に使います。「節足動物」と「節足動物門」の違いのようなものです。

さて、コントは、ギリシャ語で鞭毛を意味します。バイとユニはそれぞれ2、1。オピ

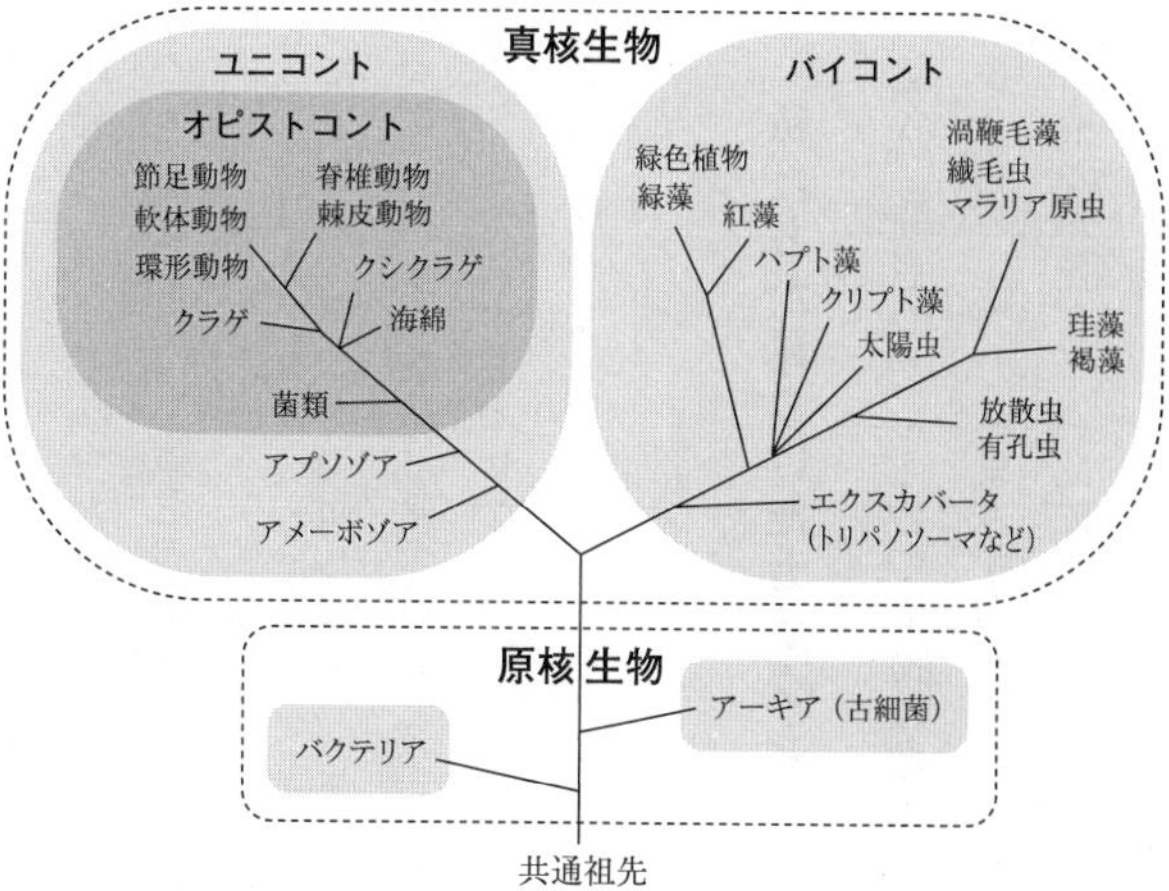

図3・7　生物の系統。

スト、アンテロはそれぞれ後方、前方という意味です。後方というのは、鞭毛を後にして細胞が泳ぐこと、前方というのは鞭毛を前にして泳ぐという意味です。オピストコントとアメーボゾアは1本鞭毛ですので、「ユニコント」ともいわれます。一方、バイコントには2本の鞭毛があります。つまり、鞭毛の本数と運動で分けているのです。ただし、詳しく観察するとバイコントに分類されるものの中には、1本の鞭毛が短く退化して1本鞭毛のものもいます。実際、ユニコントに入れられているアメーボゾアには短い2本目の鞭毛があります。

それはさておき、このあとにお話ししますように、私も軸糸やダイニンの構造から生物の大系統を考えていますが、多くの点でカバリエ - スミスの考えと一致します。

研究者によって多少の違いがありますが、現時点で最も確からしい系統図を示します（図3・7、前ページ）。繊毛の研究でよく用いられるクラミドモナスは紅藻や陸上植物とともにアーケプラスチダというグループに属します。繊毛虫は渦鞭毛藻やマラリア原虫の仲間とともにアルベオラータに属します。ともにバイコントです。一方、動物はオピストコントで、まったく異なる系統に属することがわかります。また、コンブやワカメなどの褐藻類は、クラミドモナスやアオサなどの緑藻類よりは、繊毛虫や渦鞭毛藻に近いストラメノパイルという系統に属します。

私たちが見つけたカラクシンから見た進化

私も、細胞の毛を通して生物の進化の謎をひもときたいと思い、研究しています。

長い間、体内のさまざまなところにあるカルシウム結合タンパク質の「カルモジュリン」が精子の外腕ダイニンに結合していて、カルシウムによる鞭毛運動の調節に関わっているというのが常識でした。しかし、私がいくら外腕ダイニンを精子から精製してきても、カルモジュリンは見つかりませんでした。

私たちは毎年、宮城県の女川《おながわ》町にある東北大の水産実験所を訪れ、ホヤの一種カタユウレイボヤで研究を行います。女川湾では大きく立派なホヤが育つのです。この女川のホヤの精子を使って、カルモジュリンと異なる、これまで誰も報告していない新規のカルシウム結合タンパク質が外腕ダイニンに結合していることを見つけました。

これは、神経を調節するカルシウムセンサーと似ているタンパク質で、当時、大学院生として研究室にいた佐藤裕公博士にも相談しつつ、「カラクシン」と命名しました。その後、私が筑波大学の下田臨海実験センターに移ってから、水野克俊博士と柴小菊博士の研究により、カラクシンが鞭毛の非対称波を伝播させるのに必須であることがわかりました。

ところが、さらにその後、意外なことがわかったのです。細胞の毛の研究では、多くの研究者がクラミドモナスという単細胞生物を使っています。このクラミドモナスという生き物にカラクシンがあるかどうかを調べたところ、見つかりませんでした。クラミドモナスの研究者に「そんなはずはない」と言われましたが、何度調べてもそれは事実でした。現在では皆さんに認めてもらっています。

詳しく調べると、カラクシンは動物と菌類にはあって、アメーボゾアやバイコントにはな

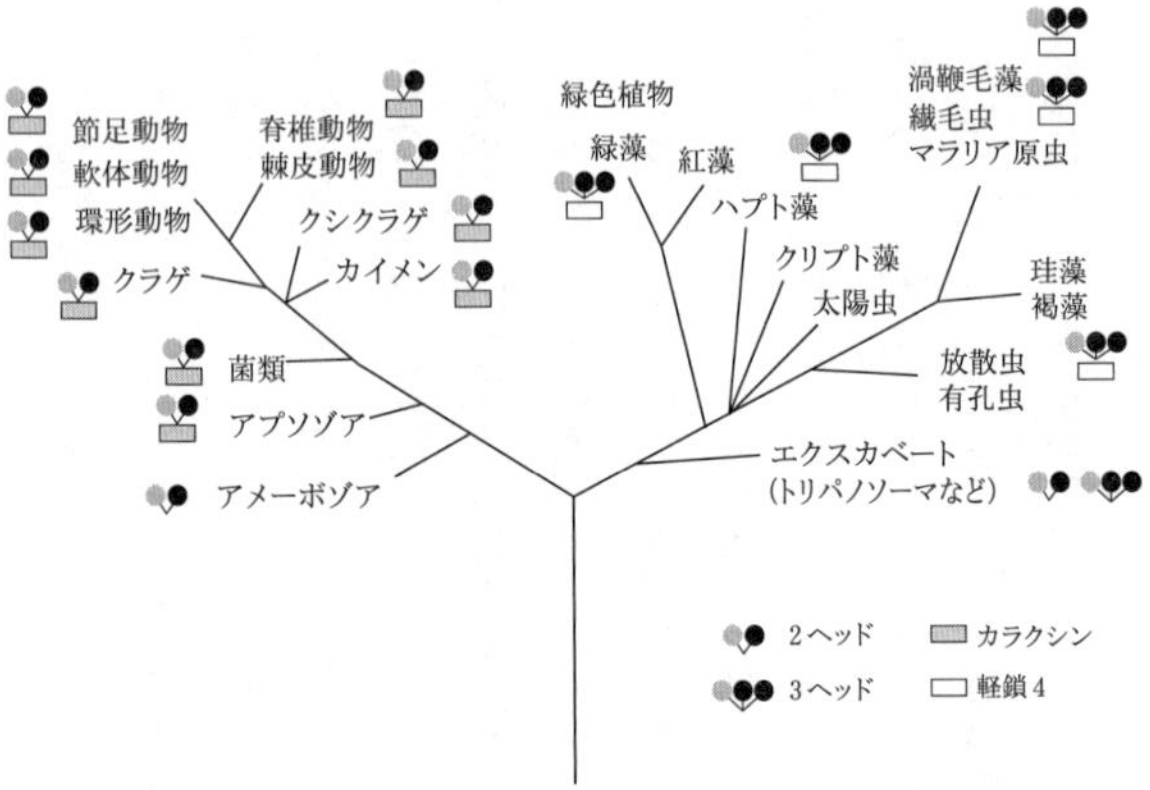

図3・8　外腕ダイニンのヘッド数とカルシウムセンサーの系統。ヘッドの下に四角がないものはカラクシンも軽鎖4もない生物を示す。

い、オピストコントに特異的なタンパク質であることがわかりました（図3・8）。カラクシンは、外腕ダイニンに結合するカルシウムセンサーですが、クラミドモナスでは「軽鎖4」と名前がつけられたカルシウム結合タンパク質が外腕ダイニンに結合しています。カラクシンはどちらかというと、神経の興奮を調節している神経カルシウムセンサーの仲間に近く、それに対して、クラミドモナスの軽鎖4は、カルモジュリンにより近いタンパク質です。

真核生物の中で最も原始的な生物の一つだといわれるものに「エクスカベート」という仲間がいます。栄養食品として知られるようになったユーグレナもエクスカベートの仲間です。エクスカベートはバイコントの仲間ですが、バイコントでは、このエクスカベートを除いて、すべて軽鎖４を外腕ダイニンの調節に用いているようです。

エクスカベートには寄生性の原生生物も含まれ、二次的にいろんな遺伝子がなくなってしまったケースも多いのですが、消化器系の寄生虫病で知られるジアルジア（ランブル鞭毛虫）など、軽鎖４を持っているものもいます。バイコントのくくりが正しいことを支持します。

このように、細胞の毛から見ると、生き物の分類がよくわかってきます。また、細胞の毛が使っている分子の面からも、現在の分類方法がほぼ正しいことを支持しています。

毛のカルシウム調節が進化の分岐点!?

カラクシンと軽鎖４の系統進化については興味深いことがもう二つあります。

一つは、外腕ダイニンの頭部（ヘッド）の数です。これは、毛利先生が、長い間注目してきた点でもあります。ダイニンの分子構造については、後ほどお話ししますが、ヘッドはダイニンのモーターに相当する部分であると考えてください。動物や菌類の外腕ダイニンは二つヘッドです。ヘッドの一つは微小管との結合を強める役割、もう一つのヘッドは微小管を

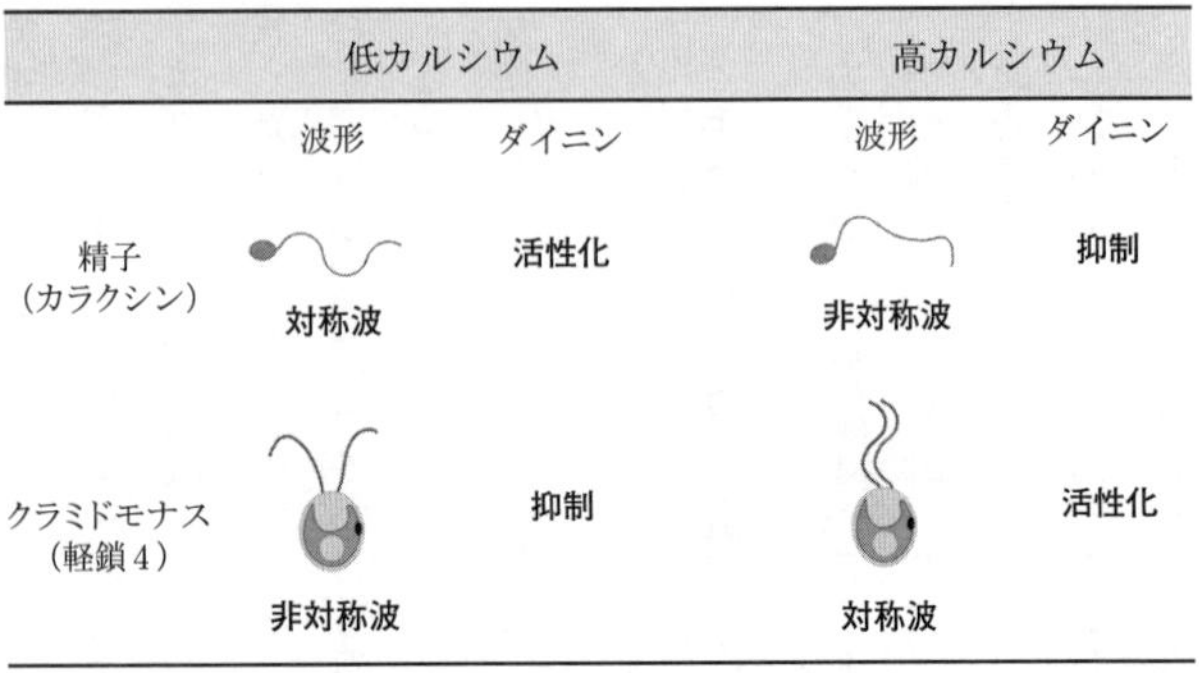

図3・9　波の対称性とカルシウム濃度の鏡像関係。外腕ダイニンのカルシウムセンサーが異なる精子とクラミドモナスでは、カルシウムと毛の運動の関係が鏡像関係にある。

滑らせる速度を上昇させる働きがあります。一方、クラミドモナスや繊毛虫では3ヘッドです。速度の上昇に関わるヘッドが、重複によって二つになったと考えられています。

実際にいろんな動物の外腕ダイニンを調べると、オピストコントは2ヘッド、バイコントは3ヘッドという法則が明らかになりました（図3・8、136ページ）。先のエクスカベートは2ヘッドのものと3ヘッドのものが混在しています。アメーボゾアは2ヘッドのようです。エクスカベートは、寄生によってヘッドが三つから二つになったとも考えられますし、真核生物の祖先に近いという考え方もできます。

ジアルジアに軽鎖4が含まれることを考えると、軽鎖4の獲得は、ヘッドの倍加よりも先に起こっ

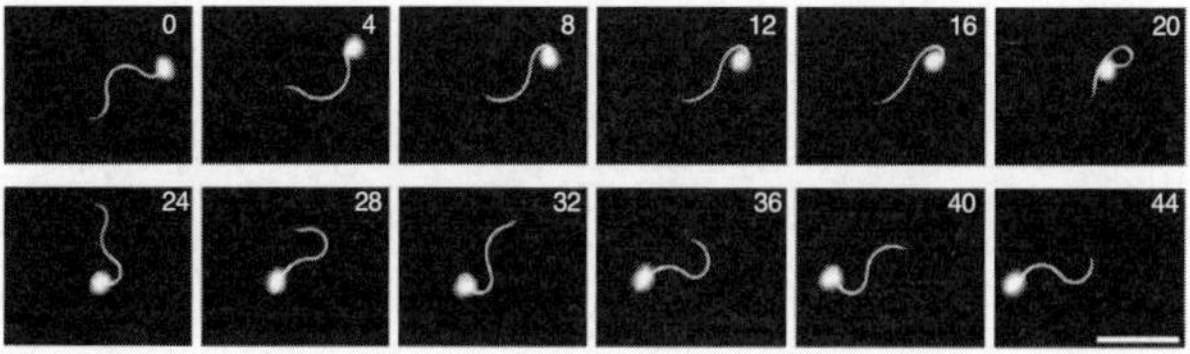

図3・10　単細胞緑藻類プテロスペルマの運動。ターンするときに非対称な波になる。細胞内カルシウム濃度を高めると非対称波は見られなくなる。4ミリ秒ごとの変化を示す。バーは50マイクロメートル。

たか、軽鎖４が獲得されてからヘッドが一つ失われたか、両方の可能性が考えられます。アメーボゾアの外腕ダイニンは２ヘッドのようですが、カラクシンも軽鎖４もありません。

もう一つの興味深いこととはカルシウムの濃度と鞭毛の波形の関係です（図３・９）。精子とクラミドモナスを再度比較してみますと、精子では細胞の中のカルシウムイオンが高くなると非対称な波形ができます。カラクシンはこの非対称な波形を伝播させるのに必要です。一方、クラミドモナスの細胞内カルシウム濃度が高くなると、対称波になります。このように、私は、カルシウム濃度と波形に関して、両者で「鏡像関係」が存在することを、２０１５年に論文で発表しました。

ただ、クラミドモナスと精子の運動を比較するには、鞭毛の本数や運動の仕方が違いすぎて、筆者の鏡像理論を証明するには不十分でした。そこで、いろいろ調べてみると、精子みたいな動きをする緑藻類を見つけました。それがプラシノ藻に属する海産の「プテロスペルマ」です。幸運なことに、国立環境研究所の微生物保存施設からプテロスペルマを得ることができました。はやる気持ちを抑えながら、研究室に届いたプテロスペルマの運動を見たときは、たいへん驚きました。運動が精子そっくりなのです（図3・10、前ページ）。運動がカルシウム濃度でどのように変化するかを調べた結果、カルシウムの低い条件でのみ、非対称波が見られました。高いカルシウム濃度で非対称になる精子の鞭毛とは真逆です。

私たちは、多くの研究仲間の協力のもと、マウスのカラクシンも調べました。そこでわかったことは、カラクシンがなくなっただけで、水頭症や内臓逆位などの繊毛病を引き起こしてしまうということです。9＋2構造は、見た目ではまったく正常と変わりません。カラクシンによる繊毛波形の調節は、繊毛が関係するこうした高次の機能にも必須であるということを示しています。オピストコンタで獲得されたカラクシンは、例えば動物の進化や、動物が神経を獲得することにも積極的に関わってきた可能性もあります。

もう一つ、精子とクラミドモナスの模式図を作っていたときに気づいたことがあります。

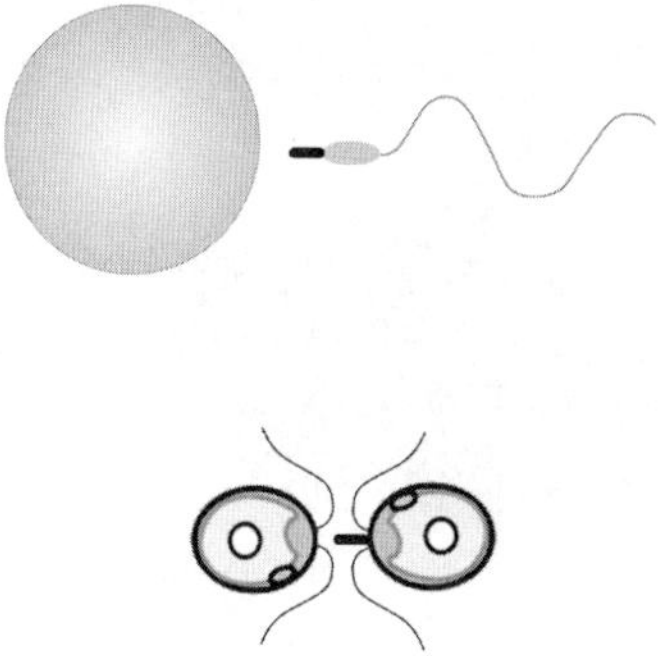

図3・11　細胞の毛と受精装置の位置関係。（上）鞭毛と反対側にある先体による卵への受精（精子）、（下）鞭毛と同じ側にある接合管による接合（クラミドモナス）。

それは、受精と運動の関係です（図3・11）。精子では先端に先体という構造があって、そこで卵と受精します。泳ぐときは先体と反対側にある鞭毛を使います。一方、クラミドモナスでは、泳ぐための二本の鞭毛の中央に接合のための構造（接合管）が現れて、そこで受精（接合）を行います。先体も接合管もアクチン骨格を持つ構造です。進んでいく先端で相手の配偶子とくっつくのは当然に見えますが、受精に必要な構造と鞭毛の位置関係は、ひょっとしたら真核生物の分かれ道で細胞にとって重要な出来事であった可能性があります。

繊毛を失った動物

5月の連休の頃、青森では関東よりは少し遅い花見があります。まだ寒いですが、弘前公園の桜はお城の景観とも相まって実に見事なものです。この頃、花見を盛り上げるのがトゲクリガニです（図3・12）。トゲクリガニは、毛ガニに似ていますが、かなり安く、かつ味は毛ガニ以上です。私はこのトゲクリガニで、はじめて「鞭毛のない精子」を見ました。

図3・12　東北地方でよく食べられているトゲクリガニ。

面白いことに、エビやカニの精子は、鞭毛がなくて「爆発型精子」と呼ばれます。何ともインパクトの強い言葉です。精子が卵に受精すると先体反応を起こし、核が破裂するように卵に挿入されるところから、そう呼ばれます。オスは精子が含まれる精包をメスの生殖孔から貯精嚢（精子を受け取る袋）に挿入します。卵が排卵されると受精するので、精子は運動する必要がありません。

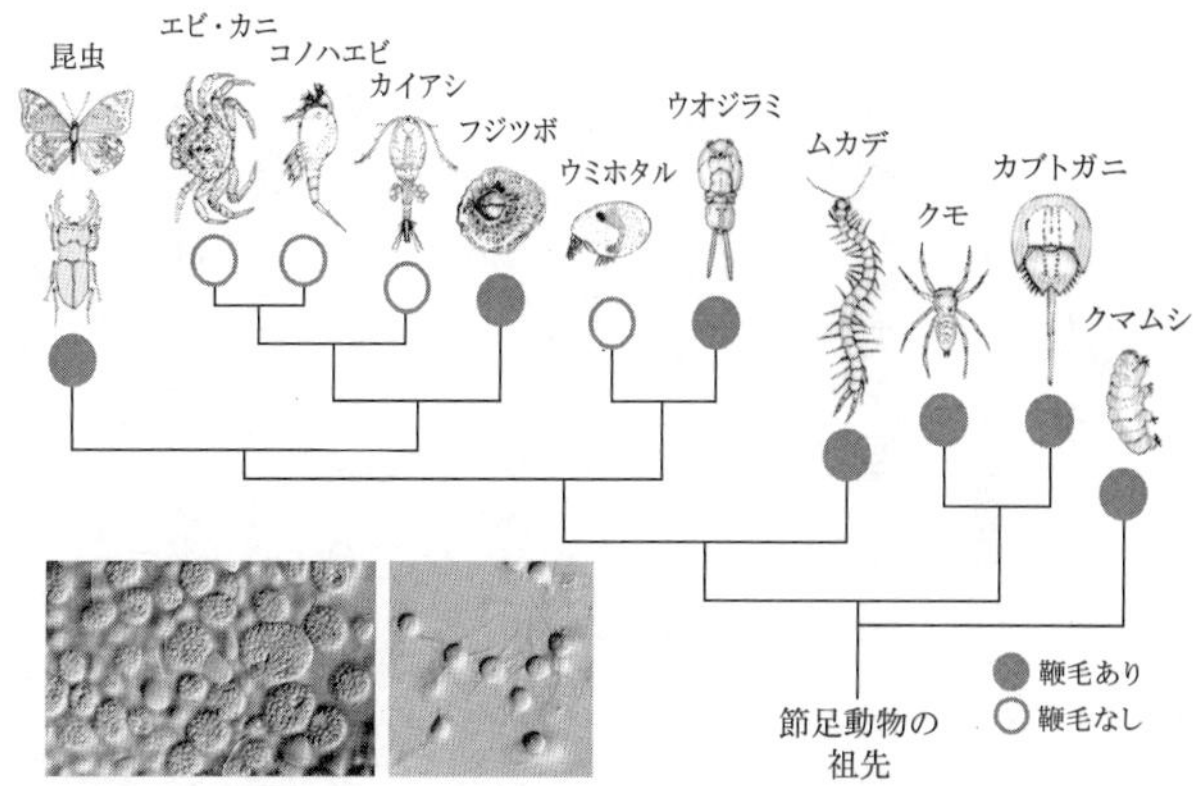

図3・13　節足動物の系統と精子鞭毛の有無（上）、タカアシガニの精包と精子（下）。

このため、鞭毛は要らなくなってしまったのかもしれません。

あるいは、キチン質からなるクチクラに体が囲まれたことも関係するかもしれません。同じようにクチクラで囲まれた線虫の精子にも鞭毛はなく、精子はアメーバのような動きをします。エビもカニも線虫も、体全体から運動性の毛がなくなってしまったのです。

エビやカニと同じ甲殻類のカイミジンコやウミホタルは、巨大で繊維状の精子を作ります。一見、長い鞭毛のようにも見えますが、内部は軸糸ではありません。しかし、同じく甲殻類のフジツボの精子にはしっかりとした9＋2構造の鞭毛があります。つまり、甲殻類の中で特定のグループが鞭毛をなくしてしまったことになります（図3・13、前ページ）。どのようにしてなくなってしまったのでしょうか。

私は下田臨海実験センターの近隣に住む漁師さんの協力を得て、イセエビの精子を調べました。遺伝子を調べると、どうも9＋2構造に含まれるタンパク質はありそうなのです。精子を作るのに使われないのか、精子形成の過程でなくなってしまうのか、いまのところ謎です。

さて、植物ではどうでしょうか。動物の場合と異なり、皆さんが日頃見かける被子植物のほとんどに繊毛は生えていません。しかし、被子植物に進化する前にはしっかりと繊毛は生えていました。そこで次に、植物と繊毛の関係を見ていきましょう。

繊毛の損失を追うと植物の進化が見えてくる

高校で生物を学んだとき、植物や藻類の分類で頭が混乱しそうになったことはないでしょうか。シダ植物や裸子植物など、違いがよくわからず、丸暗記して試験に臨んだ方もいると思います。この植物や藻類の分類も、細胞の毛を通して見ると、少しわかりやすくなるかも

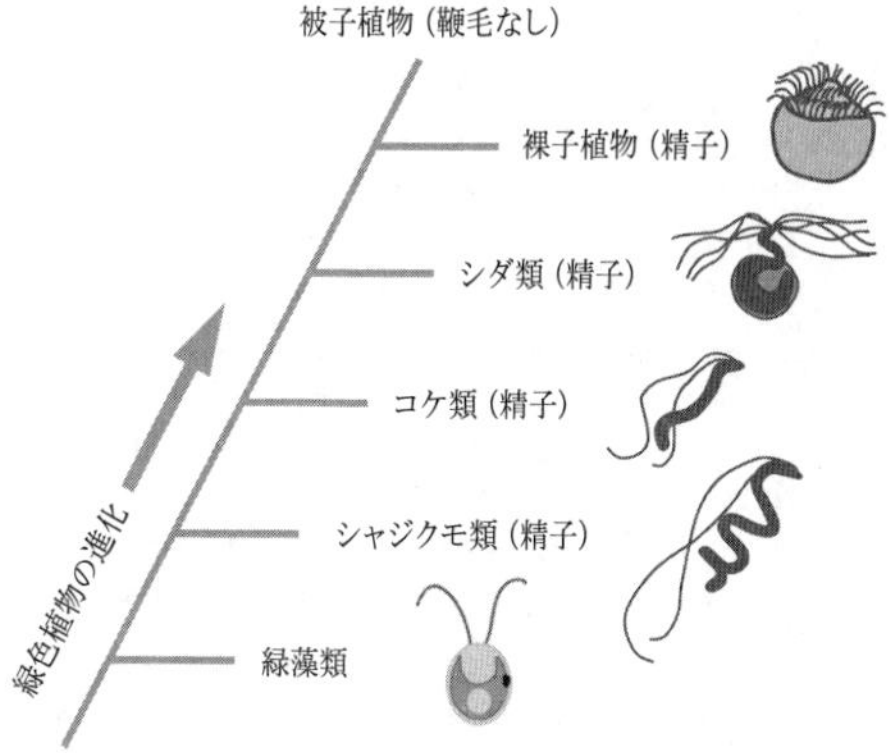

図3・14　緑色植物の系統と鞭毛。

しれません（図3・14）。

かつて、キノコなどの菌類やワカメなどの藻類は、植物に分類されていました。現在では、植物というとバイコンタに属する緑色植物、紅色植物、灰色植物をまとめたアーケプラスチダの仲間を指すことが多いようです。もちろん、言葉としては、海藻もキノコも植物と呼ぶこともありますし、陸上植物のみを植物と呼ぶ場合もあります。

緑色植物にはいわゆる陸上植物が含まれますが、アオサなどの緑藻もこの仲間です。紅色植物は紅藻のことであり、味噌汁に入れると美味しいフノリや、寒天の材料であるテングサなどが含まれます。灰色植物はあまりよく知られていませんが、湖などの淡水で見つかる藻類です。ワカメやコンブ、ヒジキなどの褐藻は、どちらかというと珪藻や繊毛虫に近く、緑色植物とは系統的にかなり離れています。すでにお話ししましたが、キノコなどの菌類はオピストコンタで、植物とは大きく離れた私たち動物に近い仲間です。

多くの藻類は、胞子体から減数分裂によってできた遊走子が放出されて、水中を2本の鞭毛で泳ぎます。岩などに付着した遊走子は、分裂して雄または雌の配偶体になります。それぞれから放出された配偶子（精子、卵）が受精して新たな胞子体を作ります。精子というと、動物が持つものというイメージですが、藻類も有性生殖を行い、精子を持っています。この精子には9＋2構造の軸糸があり、水中を活発に泳ぎます。なお、藻類では「精子」よりは「雄性配偶子」と呼ばれることが多いですが、これらはほぼ同じ意味です。

面白いのは、紅藻には、体のどこにも、精子や遊走子にも、鞭毛が生えていないことです。中心体や軸糸ダイニンがないほか、細胞質ダイニンすらありません。多くの陸上植物もそうですが、ここにも進化の過程で鞭毛が失われた秘密が隠されているはずです。しかし、その理由やメカニズムはまだわかっていません。

シャジクモは淡水で見られるスギナのような形をした植物です。緑藻よりも、より陸上植物に近い植物です。シャジクモは、運動する精子を作り、鞭毛を2本持っています。ただ、シャジクモの仲間で単細胞であるミカヅキモは、精子、卵のような形の異なる配偶子は形成しません。鞭毛のような運動装置も作りません。進化的になくなったと考えられています。

さらに高等になるにしたがい、コケ植物、シダ植物、裸子植物、被子植物へと進化してきましたが、この中で、精子に鞭毛がないのは被子植物のみです。コケの精子は、シャジクモのものと形が似ていて、２本の鞭毛を持っています。ワラビやデンジソウなどのシダ植物になると、２本ではなく多数の繊毛が生えています。さらに、イチョウやソテツなどの裸子植物でも、シダ類とはまた形が違った運動性の精子を作ります。なお、イチョウの精子は平瀬作五郎、ソテツの精子は池野成一郎が発見しました。いずれも日本の科学者による大発見といえます。

クラミドモナスには、１本を除き、残り８本のダブレット微小管に外腕ダイニンが結合しています。シャジクモも含め、他の緑藻でも外腕ダイニンが存在しています。コケやシダになるとすべての外腕ダイニンがなくなってしまい、それはイチョウやソテツなどの裸子植物でも同じです。しかし、裸子植物もさらに進化すると、ダイニンどころか精子の鞭毛や繊毛もなくなっていきます。水中を泳いで受精する精子は、さらに進化した裸子植物では、昆虫や風が媒介して受精する花粉にとって変わりました。鞭毛はいらなくなってしまったのです。

こうして細胞の毛の形や特徴を見ていくと、一見、近い仲間だと思ってしまう植物や藻類の違いが際だってこないでしょうか。生き物は、環境に適応していく中で、種が異なっても似たような姿になることがあります。しかし、その内部をミクロの視点で見ていくと、このように大きな違いがあったりするのです。その違いはまさに進化の過程で生じたものに他なりません。

3・3　繊毛と動物の進化の深い関係

細胞の毛は生物の多細胞化にも関わっている

生物はさまざまな環境に適応し、繁栄してきました。この過程で、いくつかの生物がとった方法が大型化です。バロニア（緑藻類）や、ゼノフィオフォラ（有孔虫）など、多核化により細胞が大型化したものもありますが、一般に生物は多細胞になることにより大型化しました。多細胞化は生物進化の歴史でもあります。

細胞の毛は、単細胞で誕生したときから、構造をあまり変えず、引き継がれてきました。生物は、多細胞化して大型になり、体の中にいろいろな組織や器官を収納できるようになりました。その過程で繊毛は分布を変え、進化の過程にも積極的に関わってきました。これから細胞の毛と動物の進化の関係を眺めてみましょう。

動物の進化

動物の系統も、細胞の毛を通して見ると、教科書には載っていない、違った面白さがわかってきます。これまで生物界における大きなグループについて語ってきましたが、それぞれのグループはさらに「門」というグループに分類されます。動物はおおよそ32の門に分けることができます。私たちヒトは脊索動物門、バッタは節足動物門といった具合です。

中でも、最も原始的な動物は、海に生息する「カイメン」という生き物であると考えられています（図３・15、次ページ）。体の構造がスポンジに似たカイメンという多細胞の生き物は、どのようにして現れたのでしょうか。

カイメンに含まれる襟細胞の形は、単細胞生物の立襟鞭毛虫に似ています。この単細胞生

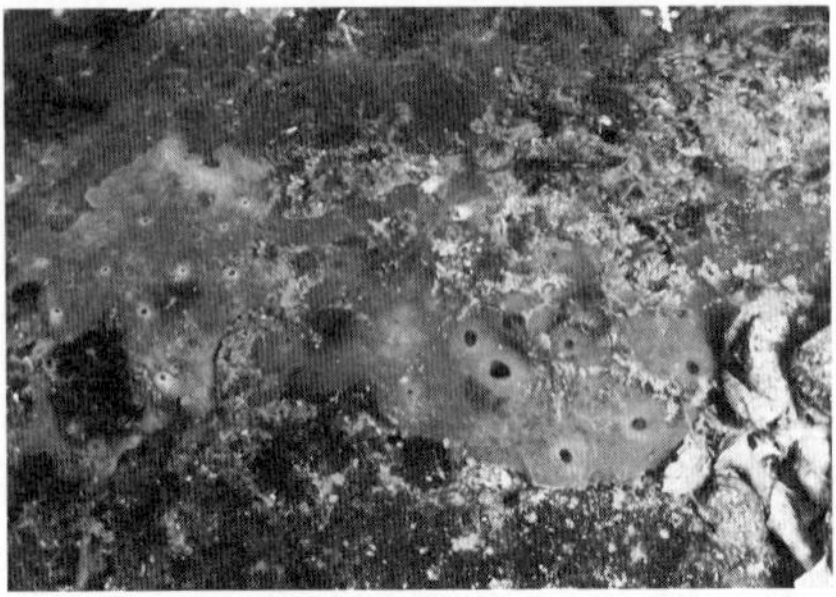

図3・15　磯でよく見られるカイメン。岩にべったり付いており、ところどころやや盛り上がって穴が空いているのが特徴である。

物が集合したのがカイメンのはじまりであると考えられています。その後、細胞どうしがより密に結合し層状（胚葉）になり、クラゲやクシクラゲの仲間が現れました。なお、後で述べますように、最近の研究では、クシクラゲが最も原始的な動物であるともいわれています。

その後、左右相称の動物が現れましたが、これらは大きく二つのグループに分かれていきました。一つは、幼生の肛門が口とは反対側にできる新口動物、もう一つは、口と同じ側に肛門ができる旧口動物です。旧口動物はさらに冠輪動物と脱皮動物に分かれ、冠輪動物からはイカやタコ、貝類などの軟体動物、そして脱皮動物からは昆虫といった、神経が発達した動物に進化しました。

私たちヒトは、新口動物の中で同じく神経を発達させた脊索動物に属します。脊索動物には、脊椎を持たないホヤの仲間も属します。

二つのタイプの幼生

動物の系統進化は、幼生の形と深い関係があると多くの研究者は考えています。多くの幼生は変態して、動物固有の形に変化してしまうのですが、初期の幼生を動物で比較すると、動物の進化の過程を見ることができます。

ダーウィンが進化論を考えついた背景には、１８３１年にイギリスのプリマスから出発したビーグル号航海での生き物の観察があります。その後、１８７２年から４年間かけて、海洋学の基礎を作ったといわれる、チャレンジャー号航海がありました。この航海には、いろいろな生物学者が関係していますが、放散虫をはじめ多くの海洋生物のイラストを残したドイツの生物学者のエルンスト・ヘッケルも、その一人です。ヘッケルは、「個体発生は系統発生を繰り返す」という反復説で有名な生物学者です。そこで、個体発生と細胞の毛の関係を見てみましょう。

ウニなどの無脊椎動物は、実験室で卵と精子を混ぜて受精させ、しばらく飼育しておくと幼生まで発生します。餌を与えれば、成体まで育てることもできます。また、海でプランクトンネットを使うと、さまざまな無脊椎動物の幼生を捕まえることができます。海産無脊椎

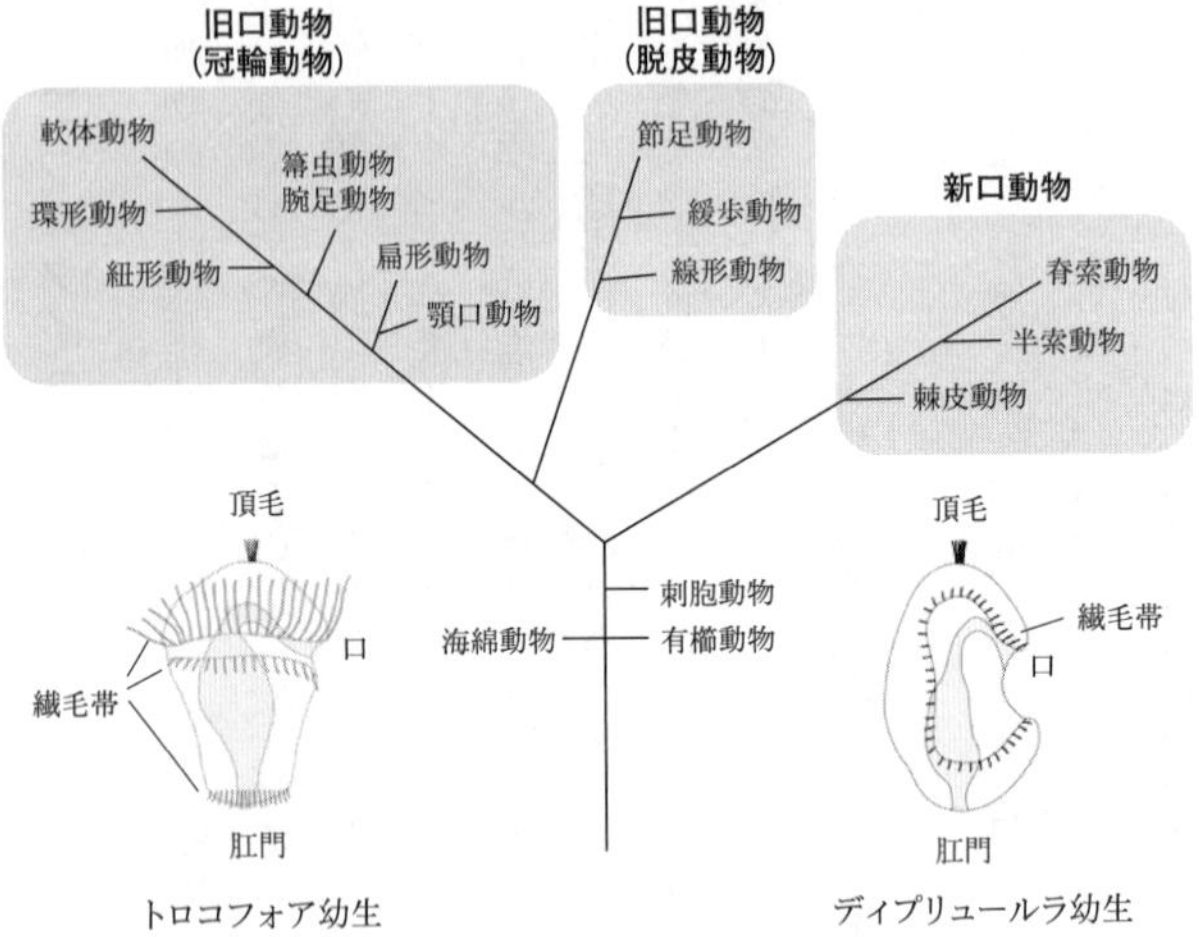

図3・16　動物の系統と2タイプの幼生。

動物の幼生の多くは繊毛を生やし、水中で浮遊するプランクトン生活を送ります。

精子が卵に受精すると分裂をはじめます。分裂してできた細胞を割球と呼びます。割球の配置は、新口動物と旧口動物で明確に分かれます。新口動物は、割球が対称に配置する放射卵割、旧口動物は分裂ごとに割球の配置がずれるらせん卵割を行います。

分裂が進むと、細胞の毛である繊毛が一様に生え、中空のボールのような胞胚になります。胞胚の一部が内部に入り込んで消化管になり、外につながる口と肛門ができます。これが形作られる頃になると、胞胚に生えている遊泳繊毛とは異なるタイプの繊毛が2カ所で出現します。一つは、幼生のてっぺんに生えている、運動性の乏しい束の繊毛で「頂毛」と呼びます。もう一つは、幼生に帯状に分布する繊毛の束で「繊毛帯」と呼びます（図3・16）。

幼生の基本的な形も、新口動物と旧口動物で異なります。詳しく言うと、口に対する繊毛帯の位置と、繊毛が動く方向が両者で異なります。一つは旧口動物に見られるトロコフォア幼生型、もう一つは新口動物に見られるディプリュールラ幼生型です（図3・16）。トロコフォア（担輪子）は繊毛帯が車輪状になっていること、ディプリュールラ（双面子）は左右対称の二つの面があるという特徴から名前がつけられました。ともに、繊毛帯がどのように分布しているのかを示した命名になっています。

幼生の繊毛帯のパターンや運動から動物の系統が見える

トロコフォア幼生は、旧口動物であるタコなどの軟体動物やゴカイなどの環形動物で見られます。餌は多繊毛の主繊毛帯の下に集まります。泳いでいくと、口の下の副繊毛帯と共同で、餌が口に向かう流れを起こします。つまり、移動と食餌を同時に行うことができます

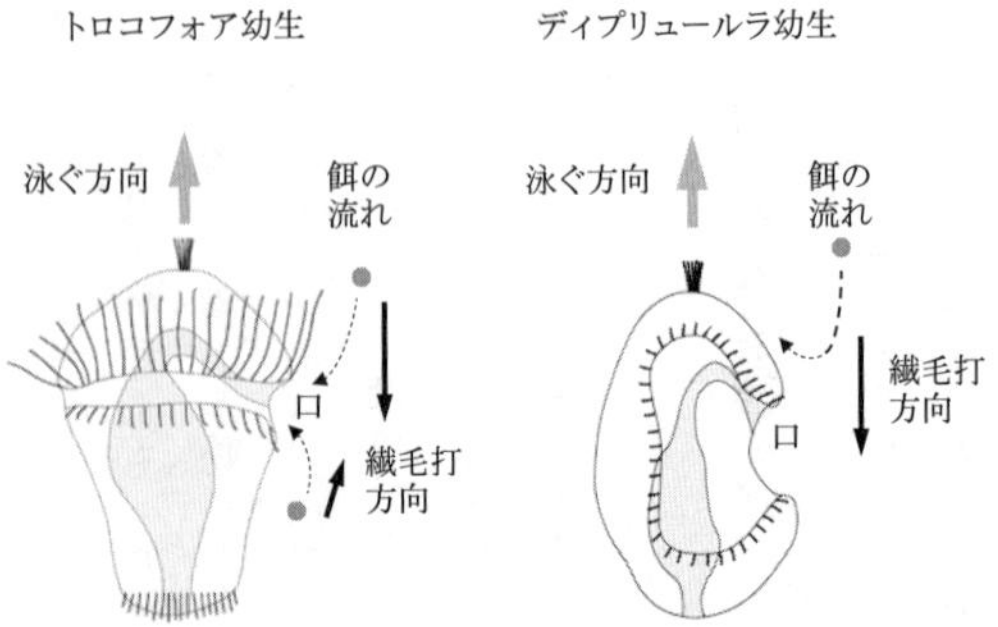

図3・17　幼生の繊毛運動と食餌の関係。繊毛帯は遊泳と食餌の両方を司っているが、ディプリュールラ幼生では遊泳中に効率よく餌をとることができず、いったん遊泳モードをやめて餌をとる。

(図3・17)。

このトロコフォア幼生に近い幼生として、扁形動物のミュラー幼生があります。また、紐形動物のピリディウム幼生も、餌が繊毛帯の下に集まり、移動と食餌を同時に行う基本体制が見られます。これらの動物が軟体動物や環形動物と共通の祖先を持つことを示します。

さて、新口動物ではどうでしょうか。新口動物に属するギボシムシではトルナリア幼生、ヒトデではビピンナリア幼生、ナマコではオーリクラリア幼生、ウニではプルテウス幼生というように、幼生の形によってさまざまな名前がつけられています。これらはすべてディプリュールラ幼生型です。ディプリュールラ幼生型では、餌は単繊毛の繊毛帯の上に集まります。つまり、遊泳するときの水の流れと食餌の流れは逆なので、泳いでいるときに餌はとれず、一度泳ぎを止めて繊毛を逆転させ、水流を変える必要があります。

このように、幼生のタイプは動物の系統を反映しているのです。繊毛帯の形成や分布は、幼生の形作りの仕組みと関係しています。したがって、繊毛帯のパターンや運動を見ることは、例えば、系統関係が明確でない動物の場合には一つの判断基準になり得るのです。もちろん、遺伝子情報などほかの情報とも合わせて系統関係を結論すべきであることはいうまでもありません。細胞の毛は生き物の形や動き方、餌のとり方など、生物が生きていく上で基本となる性質を決定づけるものだからこそ、進化や分類を考えるときに重要になるわけです。

繊毛にもとづく進化説

単細胞生物から多細胞化し、その後、動物がどのようにして形を変えて進化してきたのかは、多くの研究者が抱く疑問でした。そして、いろいろな説が提唱されました。幼生が繊毛で動く様子や、繊毛分布のパターンを見た研究者が、動物の進化と繊毛を関連づけたくなるのは当然かもしれません。

動物発生の「反復説」を唱えたエルンスト・ヘッケルは、鞭毛を持った原生生物が群体となって現れた祖先「ガストレア」を動物の起源と考えました。ガストレアはウニの原腸胚に似たもので、繊毛性の胞胚に原腸が陥入したような形をしています（図3・18）。

これに対してヨヴァン・ハッジは、繊毛虫類起源説を提唱しました。繊毛性の多細胞生物を動物の起源とするところはガストレア説と同じです。しかし、動物の祖先を繊毛虫に似たものとし、細胞の中で核が増えたこと（多核化）により多細胞生物に至ったと考えました。ヘッケルに対抗した形での説ですが、動物の祖先とされるカイメンが形態的にも分子的にも立襟鞭毛虫に似ていることを考えると、ヘッケルの説の方がよりもっともらしいということになります。

多細胞生物の形作りにおいても、繊毛が原動力となっていることを思わせる例があります。それは胚発生のときに見られる、細胞層の内と外が裏返る「反転」という現象です（図3・18）。これは、祖先的な動物であるカイメンで見られますが、面白いことに、ボルボックス（和名はオオヒゲマワリ）でも見られます。ボルボックスは、クラミドモナスの群体化によって生まれた多細胞緑藻類です。反転に分子モーターであるキネシンが関係していることが、ワシントン大学で研究した西井一郎博士らの研究で明らかにされています。鞭毛運動が反転

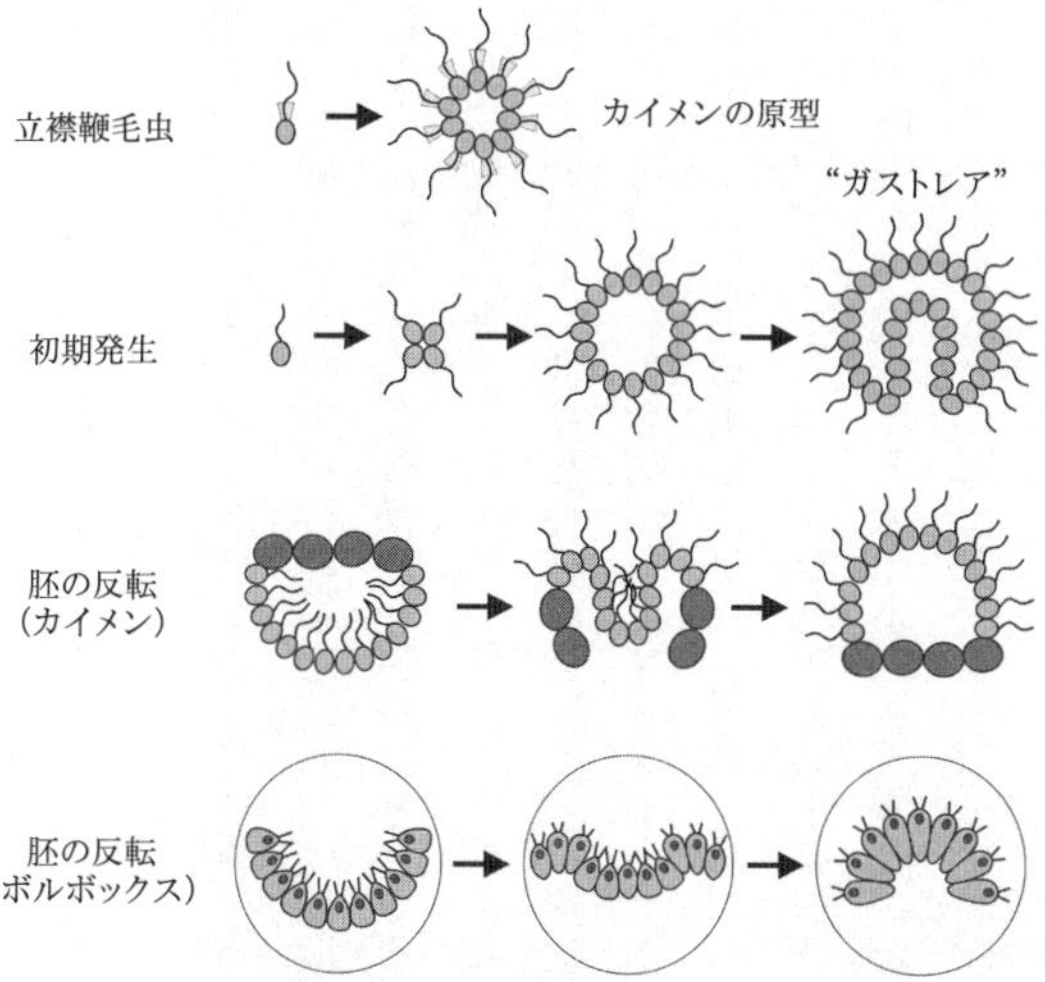

図3・18　多細胞体の形作りと繊毛。

にいかに関わっているかはわかっていませんが、系統的にかけはなれたカイメンとボルボックスの間で、多細胞化に関係した共通のメカニズムがあるかもしれません。

神経管の起源にも細胞の毛が関係？

細胞の毛は、私たちの脳など、中枢神経系の進化にも関与しているかもしれません。

細胞は外側の刺激に対して、細胞のイオンの出入りを変化させて応答することができます。このイオンによる電気的な応答は、単細胞時代からあった基本機能です。多細胞になり、電気的な信号を活動電位に変え、それを他の細胞に伝える細胞が現れました。これが神経です。

神経が初めて出現したのは刺胞《しほう》動物（クラゲ、イソギンチャク）や有櫛《ゆうしつ》動物（クシクラゲ）です。これらは、神経がまとまった形をとっていない散在神経系です。私たち脊椎動物は、脳や脊髄といった中枢神経系を持ち、受け取った情報を高度に管理することができます。これら中枢神経系である脳や脊髄のもととなる構造が神経管です。

脊索動物の発生過程では、胚の背中側の細胞層が溝状になり神経板を形成し、さらに神経板の両側が上に伸びた神経溝を経て、最後に筒状に閉じて神経管が作られます。幼生進化などのいろいろな説を唱えたウォルター・ガースタングは、１９２８年に脊索動物の神経管の起源について説を出しました（図3・19）。

彼は、ディプリュールラ幼生の繊毛帯が背中側の中央に寄って行って、さらにそれが閉じて神経管を形成したと考えました。実際には、ディプリュールラ型を示すナマコのオーリクラリア幼生をもとに考えた説です。つまり、脊索動物にとって重要な神経管は細胞の毛がもとになって作られたという考えです。これ以降の動物系統では、繊毛で泳ぐ幼生はなくなってしまい、脊椎動物に至りました。この説はたいへん魅力的な説で、賛否も含め、今も研究

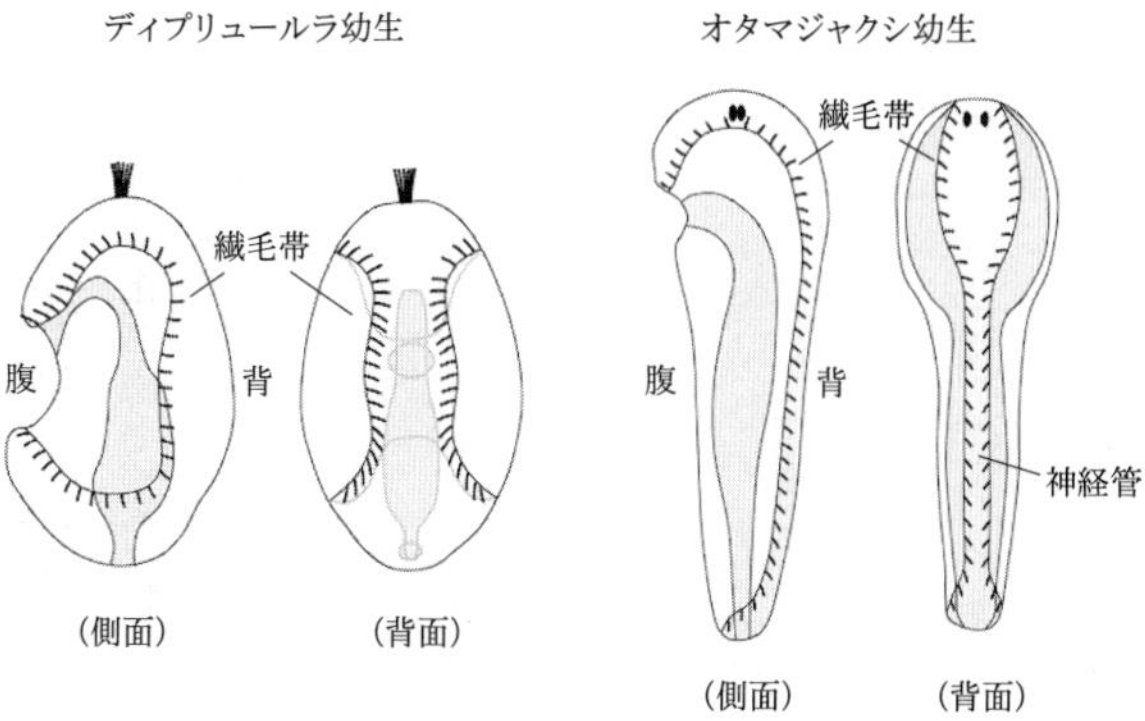

図３・19　繊毛帯を神経管の起源とする説。

者の間で議論が続けられています。

ホヤの幼生はオタマジャクシに似ているため、オタマジャクシ幼生と呼ばれます。他の海産無脊椎動物の幼生とははっきり違う点は、神経管が形成され、幼生の外側に生えている運動性の繊毛はなく、その代わりに、筋肉が発達したしっぽで運動する点です。

紺野在博士が、私の研究室で博士の学位研究としてホヤの幼生の繊毛を詳しく調べたところ、幼生にある繊毛のほとんどは、運動することができない感覚性の繊毛でした。ただし、外腕ダイニンと内腕ダイニンを持つ運動性の繊毛のあるところが１カ所だけありました。それが神経管なのです。

私は、これまでずっと、精巣で働く遺伝子と脳で働く遺伝子がよく似ていることを不思議に思っていました。ともに、微小管を多く含む細胞でできていることもその理由の一つかもしれません。しかし、単細胞生物の行動とガースタングのオーリクラリア説が常に頭の中をよぎります。脳の進化と繊毛、これらは互いに密接に関係していると考えています。何とかして証明したいものです。

第4章

美しいナノ構造のひみつ

4・1　ミクロの形の世界

生物が作る非対称の美しさ

ここまで、細胞の毛が発見された歴史や、私たちを含め、生物の体のどこでどのような働きをしているのかを話してきました。細胞の毛という1マイクロメートルよりも細いものが、生き物に大きな影響を与えていることを感じ取っていただけたでしょうか。本章ではいよいよ、これまで登場してきた細胞の毛の「9＋2」構造について詳しく解説したいと思います。

生物の形のパターンや形成原理に法則はあるのか。

この問いにはこれまで多くの人々が興味を持ってきました。1個の卵から発生してできる個体の形、細胞の集合パターン、オルガネラ（ミトコンドリアなどの細胞内小器官）の形、タンパク質などの生体分子の形、貝殻の形、魚の模様、草木の枝の分岐パターン、さらには群れや生態系の構造も、何らかの法則に従って形成されます。

例えば、巻貝や花の形のパターンで有名な「黄金比」は、私たちが美しいと感じる形のパターンとしてよく知られています。タマムシや蝶など、多くの生き物が作り出す美しい構造色も、生物が作る規則的な構造に光が干渉することによって生まれます。

本書のテーマである繊毛の中にも美しい構造があります。それは家紋にも似たデザインになっています。完全な対称ではありませんが、この構造は、生物の対称性を考えさせる多くの要素を含んでいます。そして、そこから波や運動が生まれ、あるものでは構造色を発します。

私は、生命の活動には非対称が極めて重要であると考えています。私たちは、机の右側にものを置いたら、対称の位置にものを置きたくなります。自ずと対称性に心が落ち着くのかもしれません。しかし、生命の世界には一見対称に見えても非対称の要素があちこちに見られます。

ここまで、カレイの体や内臓逆位など、生物の非対称について触れてきました。そもそも、利き手や、脳の左右など、生物の非対称性は長い間議論されてきた問題です。さらに分子まで掘り下げると、ＤＮＡのらせんの巻き方もそうですし、アミノ酸の光学異性体、量子の混成軌道もそうです。逆に果てしなく大きな世界である宇宙の成り立ちも非対称です。

非対称はなぜ重要なのでしょうか。私は、何かを実行するための原動力として非対称の持つポテンシャルエネルギーが必要になるのではないかと考えています。その理由は、第3章で話したエントロピーのところと関係しています。外から得たエネルギーで収支はつり合っていますが、細胞の中は負のエントロピーです。これが初期設定になっています。つまり、何か仕事をするためにそうなっているのです。仕事を終えると、エネルギー的に安定になりますが、細胞は生きていかなくてはいけないので、また仕事をします。また仕事をするために、再び負のエントロピー状態になります。

細胞の毛の中は非対称だらけです。9＋2構造も非対称ですし、細かく分解していっても、対称のものは存在しません。非対称が、細胞の毛を組み立てたり、運動するために必要だからです。波形や運動にも非対称が存在します。

本章では、このような非対称性に触れつつ、「細胞の毛」の美しい構造を眺めていきましょう。

9＋2構造を見る

この世界の仕組み、自然の背後にある原理をすべて解明したい。大胆にもそう意気込むのは若者の特権ではないでしょうか。私も大学生の頃には量子化学までかじりつき、最後は数学しかないと思い、途方にくれたこともありました。しかし、「わかること」は必ずしも隅々までを記載することとイコールではありません。例えば、海の中での生き物の活動を、すべて分子の細かいところまで調べないとわからないかといったらそうではありません。それぞれの見える範囲で「わかること」があるのです。

自作の顕微鏡で多くの微生物を発見したレーウェンフックの時代（17世紀）から「見えないものを見る」興味が人々の間で深まりました。まず、レーウェンフックは、小さいものの中に何があって、どのようにして動きを可能にしているのかという疑問を抱きました。この疑問は当然だったといえます。小さなものが見えたらさらにもっと小さなものを見たいし、それが見えたらさらに細かいところを知りたい。それが人間の知的好奇心というものです。

繊毛の太さは０・２から０・３マイクロメートルですが、これは光学顕微鏡で見える限界のサイズです。限界とは分解能のことで、一つの点なのか二つの点なのかを見分けることができる、その能力のことです。ですから、繊毛の内部の構造など、光学顕微鏡では見えるはずがありません。その理由は、見たいものを通す光（電磁波）の性質にあります。見たいものが小さいときに、そこを通す波長がそれよりも小さくないと、中まで見えないのです。その限界を打破したのが電子顕微鏡です。電子顕微鏡は、可視光よりも波長がはるかに小さい電子線を用います。これにより、さらに細かな構造を見ることが可能になりました。

鞭毛・繊毛が9＋2の計11本の細い繊維が集まってできていることは、それらが壊れてバラバラになったものを観察することにより、1900年以前にも光学顕微鏡で、1900年以降は電子顕微鏡でわかっていました。「軸糸」という用語も1900年前後にはすでに使われていたようです。

9＋2構造であることを最初に報告したのはイギリスのマントンとクラークで、彼女たちは1952年に、ミズゴケの精子を用いて、軸糸が微小管にばらけた電子顕微鏡像を細かく考察し、9＋2構造を報告しました。

図4・1　アイリーン・マントン（ロンドンのリンネ協会にある肖像画）。

アイリーン・マントン（図4・1）は、植物学者ではありますが、ハプト藻という単細胞藻類が持つ「ハプトネマ」という高速運動装置の研究でも先駆的な研究を行いました。私の研究室でもこの高速運動に興味を持ち、ハプトネマを研究するなど、研究分野でマントンと共通するところが多くあります。

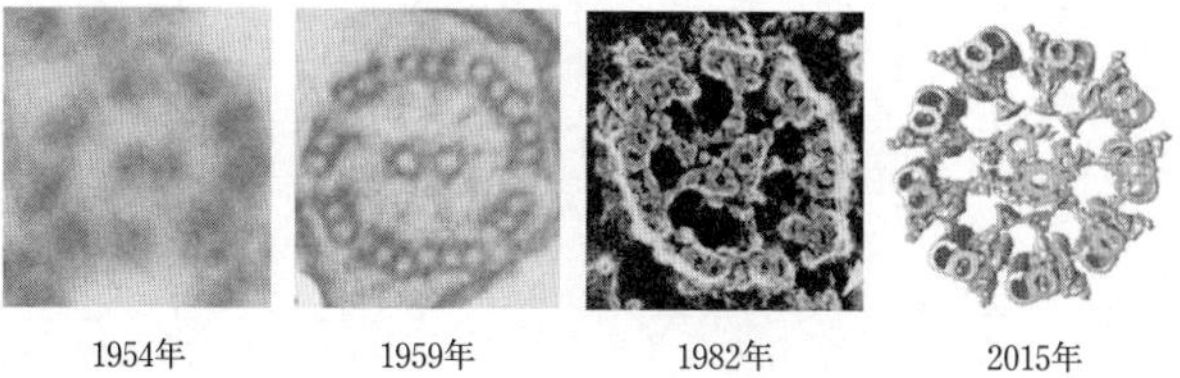

図４・２　９＋２構造を電子顕微鏡で見てきた歴史。左から超薄切片２つ、急速凍結エッチング像、クライオ電子線トモグラフィー。

その後、１９５４年、アメリカのフォーセットとポーターは、貝類やカエル、サンショウウオ、そしてマウス、ヒトの鞭毛・繊毛の９＋２構造の横断面を見ることに成功しました。サンプルをプラスチック性の樹脂で固め、超薄の切片にして、はじめて電子顕微鏡で横断面を観察したのです（図４・２）。ちなみに、ドン・フォーセットは、哺乳類精子の鞭毛構造の研究で著名な研究者です。

その後、第２章でも述べましたが、１９５９年、アフゼリウスによりさらに明瞭な超薄切片が得られ、ダイニン腕も見えるようになりました。さらに、超薄切片法に加え、急速凍結したサンプルを割断し、表面の氷をとばして観察する急速凍結エッチング法など、さまざまな観察法が開発されました（図４・２）。特に、２０００年以降、固定や染色をせずに、急速凍結した試料を観察するクライオ電子顕微鏡と、試料をさまざまな角度に傾斜しながら電子線を当てて、そこから得られた多くの像から、コンピューターで三次元像を再構築する電子線トモグラフィーの方法が開発され、より細部の軸糸構造が明らかになってきました。

軸糸の横断面を見たフォーセットとポーターも述べているように、９＋２構造が生物共通であるという事実はたいへん重要な結論です。なぜなら、細胞のオルガネラの中でも、このように極めて規則的で、複雑で非対称な構造が、進化を通じて受け継がれてきたことを示したからです。

生物は、進化の過程でさまざまな環境に適応した結果、極めて特徴的な構造を作り上げます。マクロな世界では、アルマジロ、エリマキトカゲ、カメの甲羅、鳥や昆虫などの翼や羽もそうですし、ウニなどの棘《きょく》皮《ひ》動物などはそれ自体が特徴的です。植物では、時計草など数々の変わった花やハエトリグサなど、それらは数えきれません。化石でしか残っていない生物ではかなり変ちくりんな構造を持っているものが多くいます。細胞の中の微細な構造では、ツリガネムシのスパスモネームやトキソプラズマの先端コノイド、ハプト藻類のハプトネマもそうでしょう。

９＋２構造も、かなり特異な構造のものがあります。例としては少ないのですが、９＋２

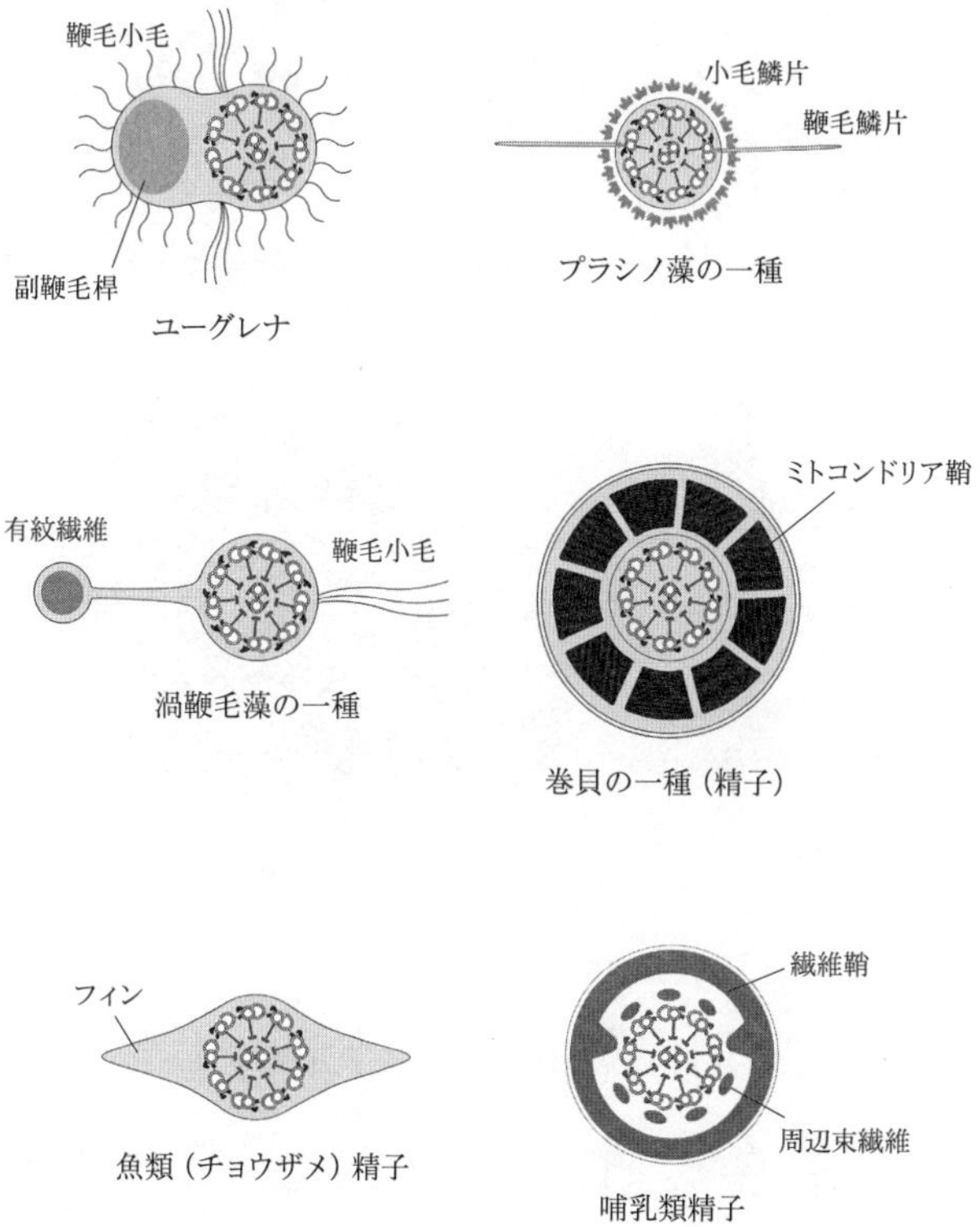

図４・３　軸糸の周りに見られる付属構造の例。これらの構造は、運動のエネルギー代謝、鞭毛の強化、水の抵抗力の利用など、効率よく運動するのを助けている。

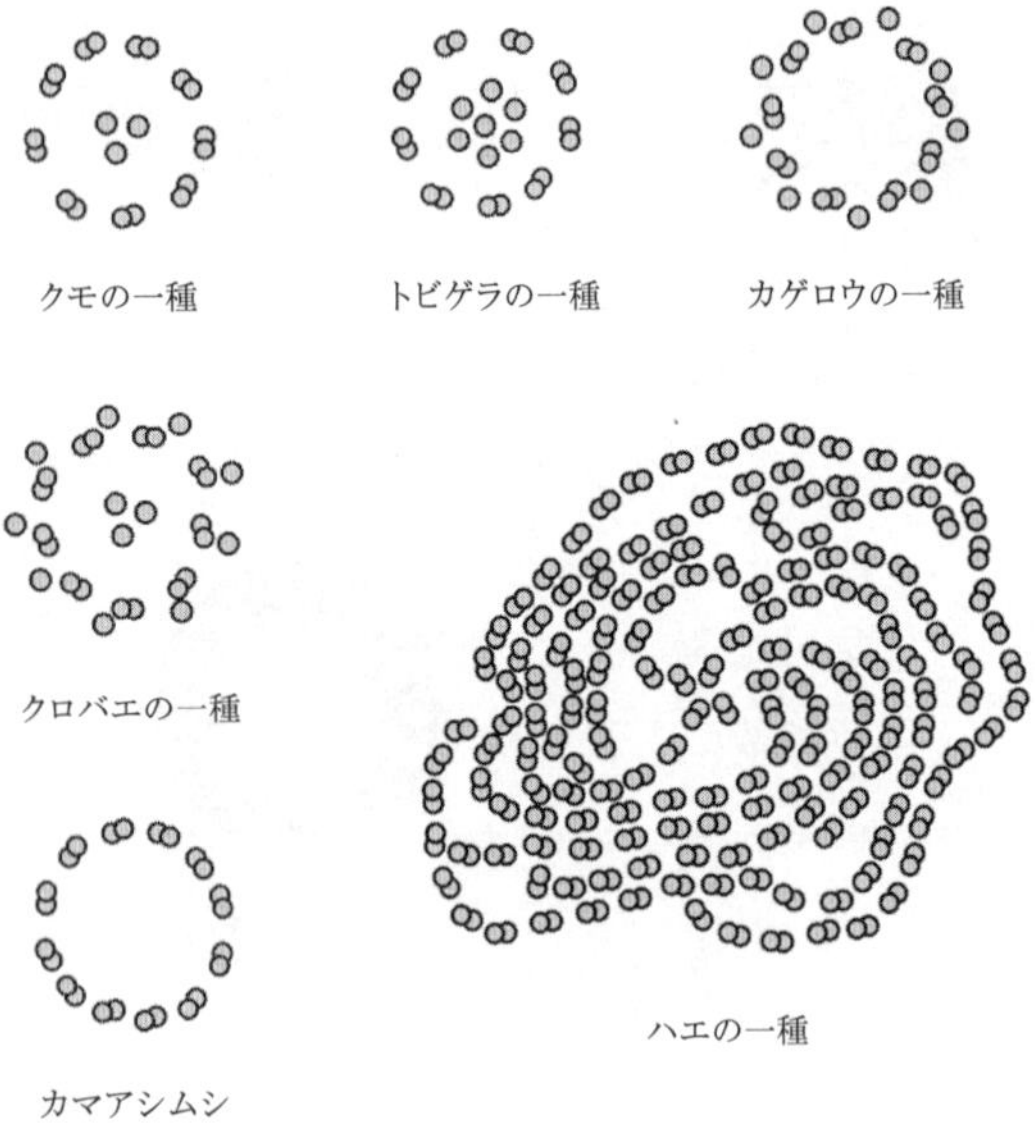

図４・４　昆虫の精子に見られる軸糸の変わり種。

構造の周りに付属構造ができたり、９＋２以外の微小管パターンを持つものもあります。これらには、いろんなパターンがあって面白いので図で示します（図４・３〈前ページ〉、図４・４）。

しかし、基本的な９＋２構造、特に構造の中にある非対称性は、長い進化の過程で、ずっと受け継がれてきたのです。

4・2　9＋2の謎

回転対称と非対称性

小さい頃、万華《まんげ》鏡《きょう》をのぞいてステンドグラスを見るような美しさと模様が変化していく様子に感動しました。そこに現れる模様は、中に入れる素材の色や形で変わりますが、対称性は万華鏡の組み立て方（入れる鏡の数）で決まります。見える対称は回転対称です。回転対称とは、例えば6回対称（6回回転対称）の場合、1回転する間に6回図が重なる、つまり60°回転させるごとに同じ図になることを示します。非対称な形の小さな色付きビーズを万華鏡に入れても、美しい回転対称の模様が映し出されます。私は、そのようなカラクリが9＋2構造の中にもあり、おそらく運動にも重要であると考えています。

１９８６年に山梨県富士吉田で開催された国際精子学シンポジウムでは、記念品に精子鞭毛の断面図のネクタイが配られました。これは、当時大学院生であった私も感激するほどのヒット作で、研究者の間では非常に評判でした。何かのセレモニーに着用していっても、そ

三葉葵　九つ丁字　軸糸

図4・5　9回回転対称構造「軸糸」は非対称だらけ。

の9＋2構造のデザインはどこか由緒正しいお家の家紋と思われるようです。誰も精子のしっぽの断面図であるとは思いません。徳川家の家紋である三葉《みつば》葵《あおい》は、3回対称で、左右対称でもあります。軸糸の構造に近いものはないかと探したところ、「九つ丁字」がありました（図4・5）。これは、軸糸と同じ9回対称ですが、左右対称でもあります。

軸糸は、中心の2がない9＋0構造の場合には、9回の回転対称ですが、左右対称ではありません。ダブレット微小管を、同じ二つの筒がくっついたものとして、それに結合する構造を無視すると、軸糸もほぼ左右対称です。

しかし、実際には、軸糸に存在するダブレット微小管も非対称な形ですし、一つの小管（A小管）からはダイニン腕が伸びています。また、細かく見ると、軸糸には至るところに非対称が存在します。

さて、ここまでは軸糸の横断面の話でしたが、縦断面はどうでしょうか。規則的で、実に美しい配列が見られますが、やはり非対称成分がたくさんあります。そもそも、微小管自体が、チューブリンがらせんに重合して筒になったもので、非対称です。

これら、軸糸に存在する非対称性こそ、細胞の毛の仕組みを理解する上で大きなポイントになります。なぜなら、細胞の毛は「自動的に波を伝えながら動く」という、細胞に見られる運動の中でも、際立って緻密で規則正しい要素を含んでいるからです。また、後でも述べますが、運動は非対称になったり、らせん運動になったりもします。構造の中の要所要所に非対称性があって、そのポテンシャルエネルギーが細胞の毛のそのような運動を可能にしていると私は考えています。

9＋2の土台

軸糸は、細胞の中にある基底小体と呼ばれる土台構造から伸びて形成されます（図4・6、次ページ）。細胞が分裂するときに染色体を分離させるのは、中心体から伸びる微小管です

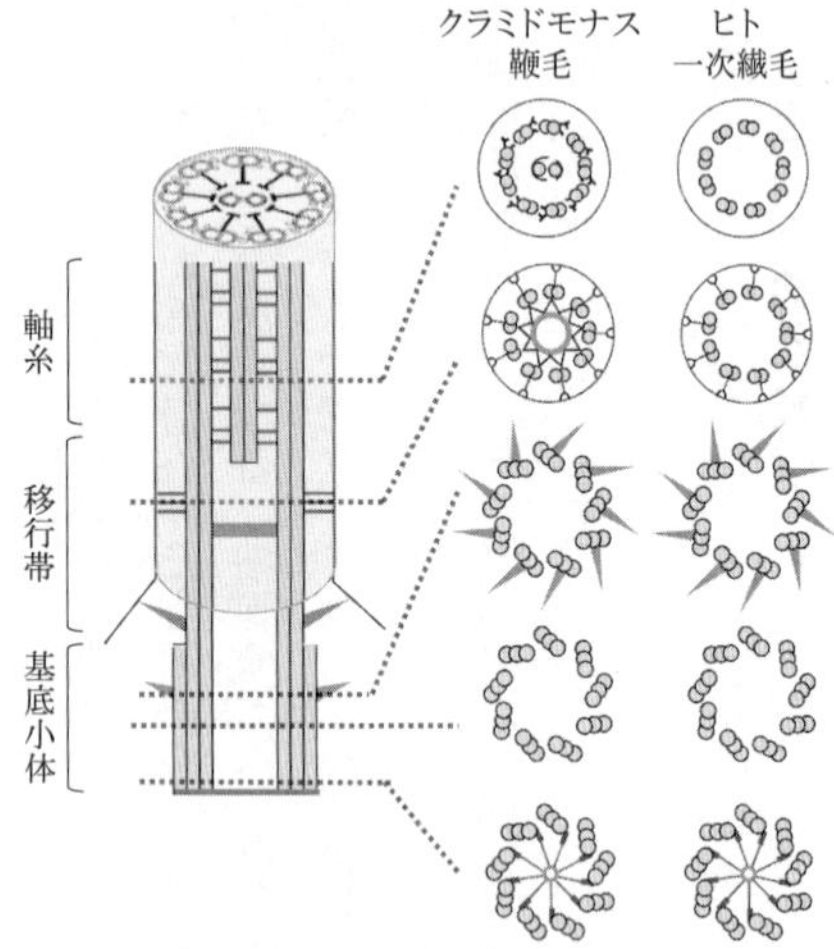

図4・6　細胞の毛の土台である基底小体と付属構造。縦断面（左）と、対応する横断面の構造を示す。

（紡錘糸と呼ばれます）。中心体は、2個の中心子からできていますが、基底小体は、そのうちの一つにいくつかの構造が結合してできます。中心子も基底小体も、9本の三つ組の微小管（トリプレット微小管）からなります。

軸糸のダブレット微小管（二つ組の微小管）は、このトリプレット微小管のA小管とB小管の2本がさらに伸びて形成されます。したがって、ダブレット微小管も、その数は9本になるわけです。9+2の「9」は基底小体に由来するということです。

そうすると、どのようにして基底小体の9本のトリプレット微小管ができるのかが問題です。このことに関して、SAS‐6という繊維状のタンパク質が9の足場を作ることが廣野雅文博士らのグループによって明らかにされました。このタンパク質がきちんと作られないと、ダブレット微小管の数が9でない軸糸が出来上がってしまいます。

では、軸糸の中央の中心対微小管である「2」を決める足場となるものはあるのでしょうか。中心対の根元に、足場構造は見当たりません。ただし、ダブレット微小管が囲んでいるスペースが重要である可能性がありそうです。実際、このスペースが広がる変異体では、3本あるいは4本の中心対微小管ができてしまうことが知られています。スペースの広さだけで本数が決まる。緻密な構造を作りつつも、こうした曖昧な法則に従うのは、生物の不思議なところでしょう。

9本の番号づけ

回転対称といいましたが、9本のダブレット微小管がまったく同じではないこともわかっています。9＋2構造が観察されてから、9本のダブレット微小管に番号づけがされました。最初に番号づけをしたのは、前出のアフゼリウスです。ウニ精子の鞭毛を用いて、腕の存在

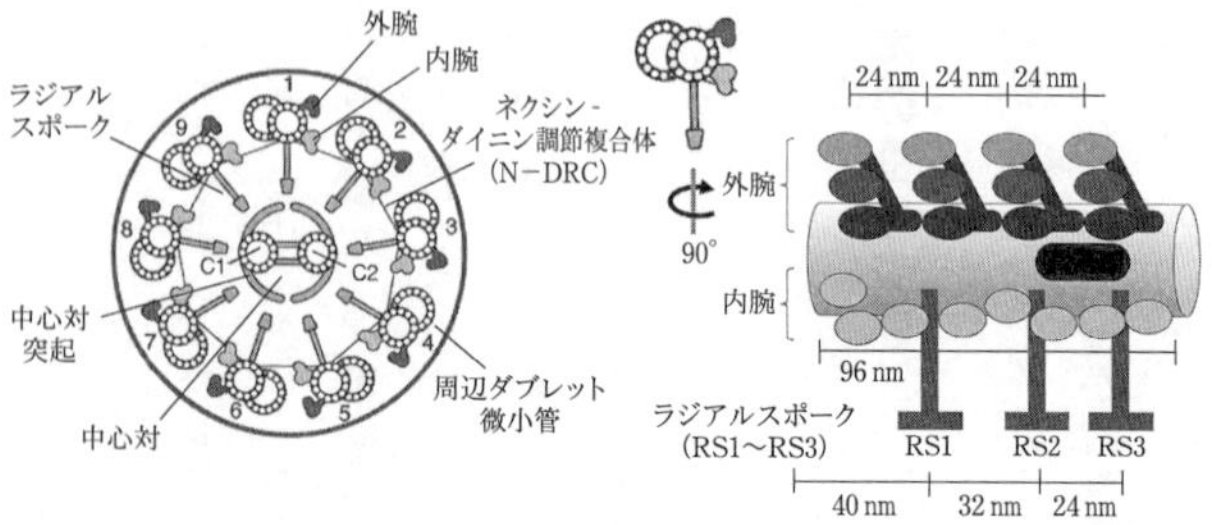

図4・7　（左）軸糸のパーツの名称。9本のダブレット微小管には番号がつけられている。（右）各ダブレット微小管に沿って結合している構造。

を明らかにした論文です。

彼は、中心対があるために、9本のダブレット微小管は等価でなく、中心対を結んだ線と直角の位置にあるダブレット微小管を1番としました（図4・7）。ダイニン腕の向きに2番以降をつけました。ウニの場合には5番と6番には架橋構造があるため、番号づけが簡単です。一方、ウニ以外の精子を用いた場合には困難です。中心対に直角という判断で1番のダブレット微小管を割り振ります。しかし、電子顕微鏡のサンプルを作るときに、軸糸が多少歪んだりねじれたりすることがあります。こうした軸糸では1番を特定することは難しいです。

鞭毛・繊毛の研究で、多くの研究者が用い

ている単細胞緑藻類のクラミドモナスでは、外腕ダイニンがなく、内腕ダイニンの形も少し変わっているダブレット微小管を1番としています。他の生物で番号づけされている場合には、これらの基準とは異なる場合があります。中心対が根元から先端に向けてねじれているような場合、番号づけはさらに困難になります。実際、中心対が波打ちのサイクルにともなって回転するような場合も知られています。

4・3　軸糸のパーツ

9＋2構造の設計図

自動車でも、プラモデルでも、完成させるまでには多くのプロセスがあります。ほとんどの場合、まずはパーツを組み立てます。パーツを作る上で、主要部品も重要ですが、それをつなぎとめるのりしろやネジ、接着剤も重要です。これらのいずれかが不良だと、形は出来上がったとしても欠陥品になってしまいます。

軸糸も驚くほどそれらに近い複雑な設計で、各パーツはさまざまな部品やネジ、接着剤などの役割を果たすタンパク質から出来上がっています（図４・７、１７６ページ）。軸糸を構成するタンパク質は２５０種類とも４００種類ともいわれています。タンパク質は、アミノ酸がつながってできた長いポリペプチドで（アミノ酸が20個くらいまでの短い場合にはペプチドと呼ぶ場合が多い）、それらの性質は、アミノ酸の並び方で決まります。

　細胞の中で作られたタンパク質は、そのまま機能する場合もありますが、多くの場合、構成するアミノ酸の一部が変化します。これを翻訳後修飾といいます。リン酸化、アセチル化、ポリグルタミン酸化などです。タンパク質どうしは、電気的な性質や疎水的な性質で結合しますが、翻訳後修飾が接着剤の役目をして結合する場合もあります。翻訳後修飾が起こると、別のタンパク質と結合できたり、逆に離れたり、酵素の場合には働きが変わってしまったりします。

　タンパク質どうしの結合を強固にするネジのような構造も存在します。ドメインとかモジュールと呼ばれるアミノ酸配列のいくつかは、このネジのような役割を持ちます。特定のアミノ酸が繰り返されるリピート配列の中にも、このようなネジとして機能するものがあります。ナノの世界では、軸糸は巨大な建造物のようなものです。この軸糸を組み立てるために使われるネジには、何か法則のようなものがあるかもしれません。

軸糸を構成するタンパク質については、まだその半分も素性が明らかにされていません。これらがすべて明らかになって、そのパーツを生み出す設計図や組み合わせ方の施工手順が明らかになるには、まだまだ時間がかかりそうです。いつになるか見当もつきませんが、もしそれらがすべてわかったら、試験管の中で軸糸というプラモデルを作ることができるかもしれません。さぞ、素晴らしいことでしょう。

次に、軸糸を作っている各パーツについて紹介しましょう。図４・７（同）を見ながら読み進めてください。

ダイニン腕

「細胞の毛」は、９＋２本の微小管にさまざまな付属構造が結合している複雑で、なおかつ、美しい構造をしていますが、さらに、１９８０年代から電子顕微鏡観察の技術の進歩により、どんどん細かいところまで見えるようになりました。特に、２０００年以降の電子線トモグラフィーの技術により、より詳細な構造が明らかになってきました（図４・８、次ページ）。

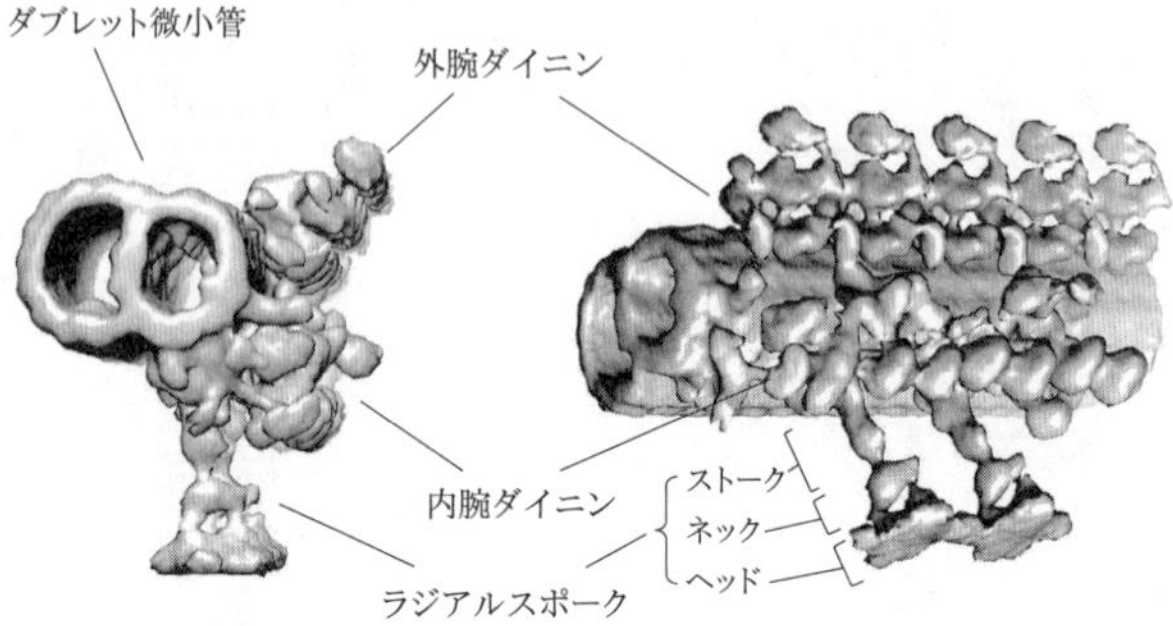

図4・8　クライオ電子線トモグラフィーで見える軸糸のパーツ。一つのダブレット微小管とそれに結合するダイニンなどのパーツを異なった方向から示している（画像は石川尚博士提供）。

さて、前述しましたアフゼリウスが「腕」と呼んだ突起ですが、ダブレット微小管の外側についているものを「外腕」、内側のものを「内腕」と呼びます。

外腕と内腕はともに軸糸ダイニンですが、構造も働きも異なります。クラミドモナスを用いた研究から、外腕ダイニンはほぼ1種類、内腕は7種類のダイニンが存在することがわかっています。複雑な軸糸ダイニンの構成や働きについては、変異体を用いた軸糸研究のパイオニアである神谷律博士の一連の研究功績が大きいです。

これらの複数のダイニンが、規則正しくダブレット微小管に沿って並んでいるのです。外腕ダイニンは24ナノメートル、内腕ダイニンは７種類のセットが96ナノメートルの周期で並んでいます。周期性があるのは、ダイニンがドッキングすべき「座布団」や、間隔を決める「ものさし」ともいえる分子がパーツとして働いているからです。

ダイニンは10種類以上のタンパク質（サブユニット）が結合してできたパーツです。モーターを作る重鎖以外に、複数のモーター部分を束ねたり、モーター活性を調節する中間鎖、軽鎖からなります。重い、中間、軽いというのは、タンパク質のサイズ（分子量）に由来し、大きい順に「重鎖」「中間鎖」「軽鎖」と呼びます。

ダイニン重鎖は、４０００から５０００個ものアミノ酸がつながった巨大な分子であることが基礎生物学研究所（愛知県岡崎市）にいた小川和男博士と、ギボンス博士のグループによってわかりました。ダイニン分子は、その形からサクランボや、ブーケ、ドーナツ、オタマジャクシとたとえられたりしました。オタマジャクシでいえば、ダイニンは頭（ヘッド）としっぽ（テール）から成り立っています（図４・９、次ページ）。

ダイニンのテールには、中間鎖や軽鎖が結合しており、その端はダブレット微小管のＡ小管に結合します。ヘッドはエネルギー源のＡＴＰを分解する、まさにモーターの部分で、六つのＡＡＡがリング状になっています。その形は、ドーナツでいえば、ポン・デ・リングに

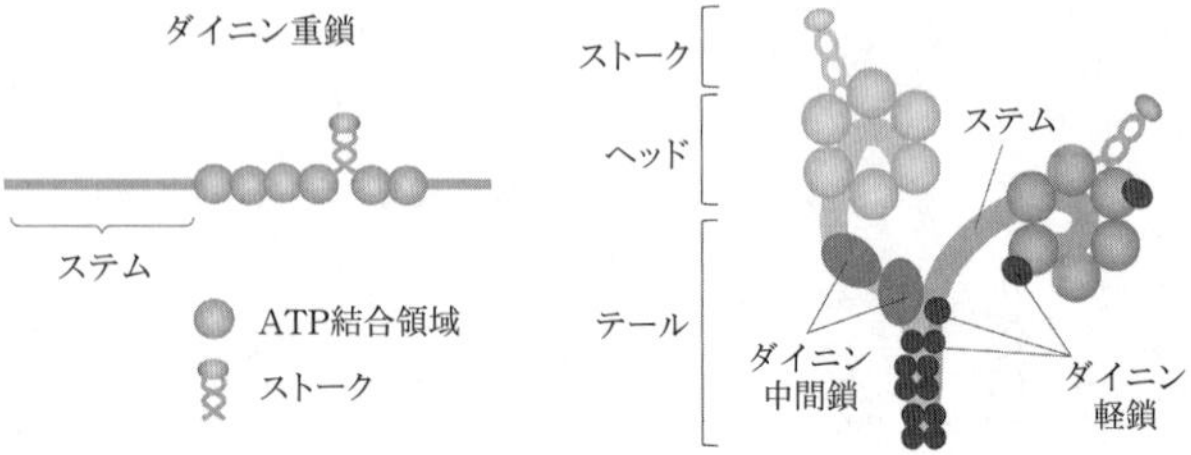

図4・9　ダイニンの構造。（左）ダイニン重鎖の領域。これが折りたたまれて右のような構造をとる。（右）2ヘッドのダイニン分子。重鎖には中間鎖、軽鎖が結合し、重鎖を束ねたり、モーター活性を調節している。

近いでしょう（図4・9）。4番目と5番目のＡＡＡからは、細長く先端が丸い小さな突起が出ています。これはストークと呼ばれ、隣のダブレット微小管のB小管と結合します。ダイニンが力を出して、隣の微小管を移動させる上で重要な役割を果たしています。

ラジアルスポーク

細胞の毛の構造は、実によくできています。その作りはまるで、自然のいろいろな原理を織り込んだ芸術作品とも言えるでしょう。大学の頃に住んでいたアパートの近くに田宮模型の本社がありました。私はプラモデル作りにはそれほどのめり込まなかったのですが、それでも自動車プラモの緻密な部品には驚かされました。

軸糸の断面図をタイヤに見立てると、ダブレット微小管はタイヤの主要部で、各ダブレット微小管のA小管から軸糸の中央に伸びている構造はスポークになります（図４・７、１７６ページ）。この構造を放射状（ラジアル）「スポーク」と最初に呼んだのも、ダイニンを「腕」と命名したアフゼリウスです。

その後、先端部の膨らんでいる部分をスポークヘッド、それ以外の部分をスポークストークと呼ぶようになりました。スポークヘッドは、中心対と結合する重要な部分です。

スポークは、以前、マッシュルーム形と表現されていましたが、クライオ電子線トモグラフィーによると、手裏剣のような平らな（そして非対称形の）ヘッドと、ストークにつながるネックからなることがわかりました（図４・８、１８０ページ）。スポークは最低でも23種類のタンパク質からできています。また、動物には、クラミドモナスとは異なったスポーク成分があることもわかっています。

ラジアルスポークは「はしご」のように等間隔でA小管から伸びているわけではありません。基本的に三つ組になっています（図４・７、１７６ページ）。三つ組は、40ナノメートル、32ナノメートル、24ナノメートルの間隔で並んでおり、96ナノメートルが一つの単位になっています。なお、クラミドモナスでは三つ目のスポークのほとんどがありません。

三つ組のスポークの周期は、複数の内腕ダイニンの並びの単位に一致します。こうした並びの規則性も軸糸構造の魅力の一つです。この数字を見て、何か規則性があると気づくと思います。すべて8で割り切れる、つまり最大公約数が8であるということです。8ナノメートルとは何でしょうか。これは、少し前に述べたチューブリンダイマーの長さです。ダイニン腕もそうですが、軸糸のパーツが、微小管と深く関係している証拠です。

中心対微小管

軸糸の中央にある2本の微小管と付属構造は、中心対または中心装置と呼びます。シングレット微小管が並んでいる面は、ダブレット微小管の3～4番と7～8番あたりを通ります。2本のシングレット微小管は、中心（セントラル）にあるという意味から「C1」と「C2」と呼ばれています。

クラミドモナスの中心対は、鞭毛の根元から先端に向かって左巻きらせんにねじれていますが、ウニの精子などではねじれていないと考えられています。シングレット微小管どうしは、架橋構造によって結びつけられています（図4・7、176ページ）。それぞれの微小管からは、いくつかの突起が伸びていますが、C1側、C2側から伸びる突起の形は同じでなく非対称です。これらの構造は、クラミドモナスとウニでは、細かい違いはありますが、おおよそよく似ています。

中心対突起には縦方向に16ナノメートル周期が存在します。ここにも8の倍数が出てきますが、内腕やラジアルスポーク、外腕など、他のパーツの周期とも何かしらの関係がありそうです。この突起とスポークヘッドとの相互作用がどうなっているのかが重要なのですが、まだよくわかっていません。

ダブレット微小管の組み立て

これまで3種類の微小管が登場してきました。軸糸は9本のダブレット微小管と2本のシングレット微小管からできています。その根元には、トリプレット微小管からなる基底小体があります。微小管は、αチューブリンとβチューブリンという異なるチューブリンが結合した二量体（ダイマー）が単位となり重合して筒状になったものです（図4・10、187ページ）。微小管を縦方向から見るとプロトフィラメントと呼ばれる13本の繊維からできていると見ることができます。繰り返しになりますが、筒には方向があり、微小管が伸びていく方がプラス端、反対側がマイナス端です。

では、ダブレット微小管は、どのようにできているのでしょうか。ダブレット微小管では、A小管は13本、B小管は10本の繊維（プロトフィラメント）からできています。B小管の繊維は、A小管と重なる３本分がなく、不完全な微小管であると言うことができます。微小管は、チューブリンダイマーから試験管の中で作ることができますが、できてくる微小管はシングレット微小管です。

軸糸の骨格であるダブレット微小管を試験管内で作ることにはまだ誰も成功していません。その理由もわかりません。ただ、ダブレット微小管を界面活性剤で少し溶かすと、テクチンと呼ばれるタンパク質などからできている「リボン」と呼ばれる構造があらわになることが１９７０年代にわかりました。これらのタンパク質が、ダブレット微小管の構築の鍵を握っていることは確かです。

クライオ電子線トモグラフィーによる観察により、ダブレット微小管の詳細な構造がわかってきました（図４・10）。A小管は、シングレット微小管とほぼ同じ管状ですが、管の内

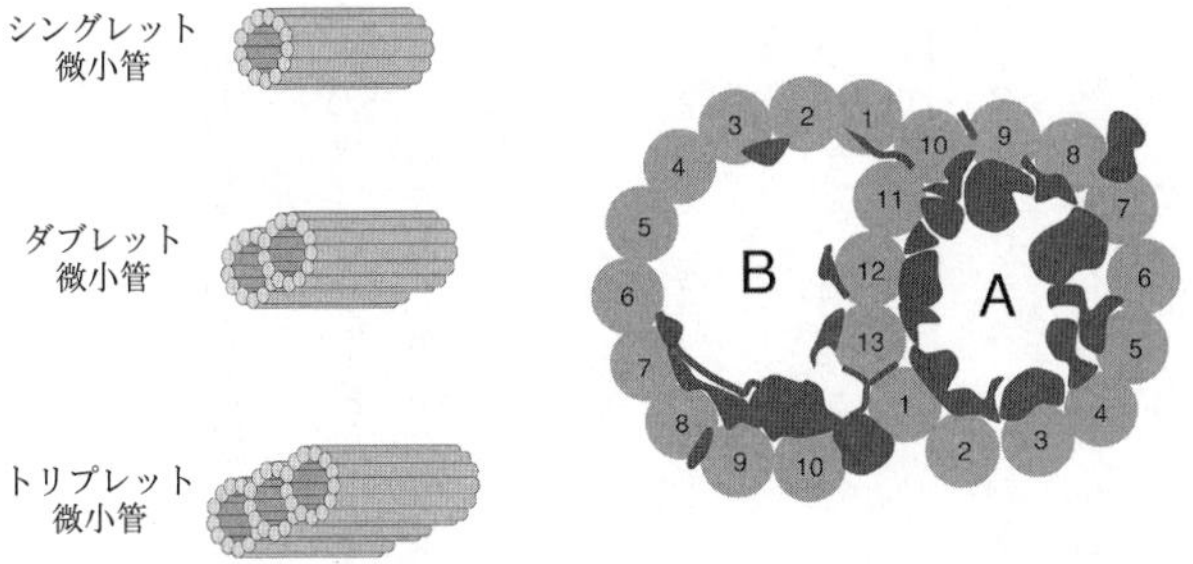

図４・10　（左）微小管の種類、（右）ダブレット微小管の管内構造。A小管は13本、B小管は10本のプロトフィラメント（繊維）からなり、内部はMIPと呼ばれるタンパク質（黒）で裏打ちされている。

側には微小管内タンパク質（ＭＩＰ）と呼ばれる、微小管を内側から支える構造があります。いくつかは、Ａ小管に結合する部品ののりしろになっていることもわかっています。また、管としては不完全なＢ小管にも裏打ち構造があり、Ａ小管とのつなぎ目に特徴的な構造があることがわかってきました。種となる基底小体に、新たに明らかにされてきた成分をチューブリンとともに加えることにより、ダブレット微小管を生やすことが可能かもしれません。

軸糸や神経の微小管では、チューブリン分子が翻訳後修飾されています。これらの変化は、微小管の働きに変化を与えています。また、これらの修飾が部品やパーツどうしの結合や運動に必須な役割を果たしていることも、最近わかってきました。

部品どうしを連結する構造

9本のダブレット微小管を環状に結びつける構造は、1960年代、細胞の毛の電子顕微鏡観察が始まった初期の頃から確認されていました。

この構造を作るタンパク質が報告され、ネクシンと名前をつけたことから、この構造はネクシンリンクと呼ばれるようになり、ダブレット微小管を束ねる弾力性の高い構造であると考えられていました。その後、インターダブレットリンク、周辺リンクなど、さまざまな名称で呼ばれてきました。

その一方で、内腕と結合している構造が観察されて、これはダイニン調節複合体と名前がつけられました（図4・7、176ページ）。クライオ電子線トモグラフィーで観察すると、先のネクシンリンクとこのダイニン調節複合体は、ラジアルスポークのRS2とRS3の間から、隣のダブレット微小管に向かって伸びる同一の構造であることがわかりました。

以上の構造の他にも、ラジアルスポークのRS1とRS2の間にも構造があり、MIA複合体と呼ばれています。また、RS3と次のRS1の間には、内腕ダイニンのモーター部分を固定するための構造があり、テザー（つなぎとめ）と呼ばれています。外腕と内腕をつなぐリンカー構造も存在します。このように、軸糸のパーツは単独で存在しているのでなく、お互いに構造的にも機能的にも結びついているのです。パーツ間には、情報のリレーがあるということです。

さて、この章では軸糸の成分を「部品」や「パーツ」と言いましたが、それぞれのパーツは複数のタンパク質からできています。プラモデルでも、部品を本体に一つ一つくっつけていくのでなく、まずはパーツを組み立てて、それを組み込んでいきます。自動車もそうですし、多くの物作りはパーツを組み立てるところから始まります。繊毛もそのようなことをやっているようです。その過程や施工手順については、ごく簡単にですが、第2章で述べました。

ここまで、非対称性を中心に、軸糸のパーツについて話してきました。何かを見た場合、知った場合に、「すごくきれい」とか、「よくできている」と感動することは大事です。しかし、ここで「なぜ、どうして」という疑問を持つと、それは、新しい発見の始まりです。疑問がなければ、その先には進みません。例えば、等間隔で並んでいる外腕ダイニンは、24ナノメートルの物差しのパーツがあれば、後は物差しに沿って並べば良いわけですが、それでは40ナノメートル、32ナノメートル、24ナノメートル周期のラジアルスポークはどうでしょうか。三つの物差しが順番に使われるのでしょうか。7種類の内腕はどのようにして順番に並ぶのでしょうか。まだまだ、疑問がいろいろ出てきます。皆さんからは、どんな疑問が出てくるでしょうか。

第5章

波打つ仕組み

５・１　運動の原動力

収縮説と滑り説

前章では、細胞の毛の精密な構造について紹介しました。本章では、細胞の毛が巧みに動く仕組みの謎に迫りたいと思います。

１９６０年代は、鞭毛や繊毛も筋肉と同じように収縮して運動すると考えられていました。つまり、曲がっている内側の微小管が縮むと考えたのです。筋肉の研究が最盛期であった当時に生まれた考えです。しかし、１９６８年、ピーター・サティア博士は淡水産二枚貝のエラ繊毛の先端部分を電子顕微鏡で観察したところ、曲がっている内側のダブレット微小管のみが観察され、反対側はダブレット微小管の末端であるＡ小管のみが観察されました。この観察は、微小管は収縮せず長さは変わらない、微小管が滑って曲がるという滑り説を支持するものです（図5・1）。

その後、鞭毛や繊毛の運動の仕組みを知る上で重要な二つの研究が、ギボンス博士らによ

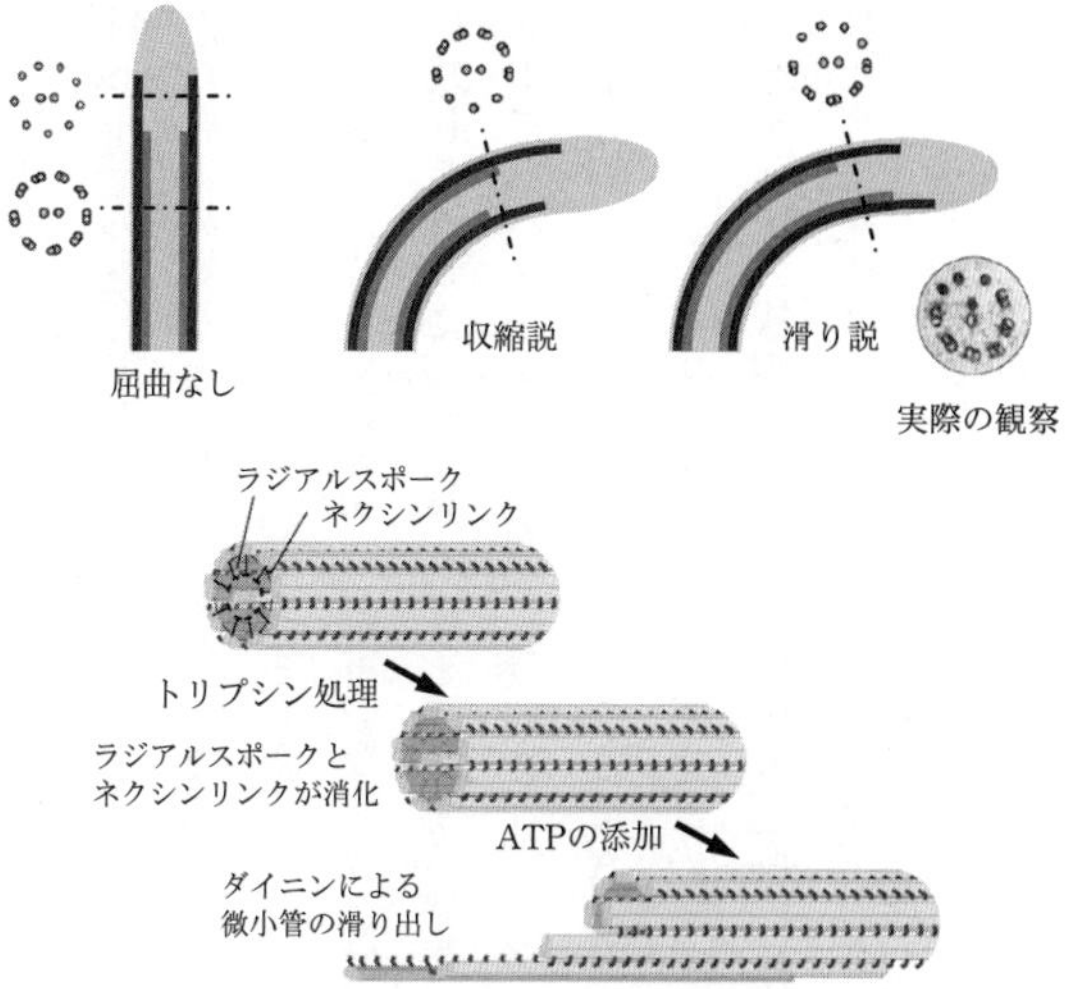

図５・１　細胞の毛の運動は微小管の滑り運動から生まれる。このことを実験的に示した重要な研究。（上）サティアの観察。（下）ギボンスの実験。

り行われました。

一つは、トリトンモデルです。これは、細胞膜を取り除き骨格だけにして運動を再現する方法「除膜モデル」の一つです。

このようなモデルとしては、それまで筋肉ではグリセリンモデル（グリセリン筋）が知られていました。グリセリンは細胞膜に入り込み、細胞膜をスカスカにします。もともとあったＡＴＰ（エネルギー源）は抜けてしまいます。そこにＡＴＰを加えると再びグリセリン筋が収縮します。繊毛でも、グリセリンモデルが試されましたが、

ＡＴＰを加えたときの動きが非常に悪いという欠点がありました。

そこで、ギボンス博士は、１９７２年に界面活性剤であるトリトンを用いて、ウニ精子の除膜モデルを作製しました。ＡＴＰを加えると、ほぼ１００パーセント、しかも細胞膜を除かない生の精子と同じ波形で動いたのです。この実験から、鞭毛の波打ち運動がＡＴＰと軸糸だけで起こることがわかりました。

ギボンス博士のもう一つの重要な研究とは、微小管の滑り運動を直接観察したことです。単離した軸糸に、タンパク質を分解する酵素であるプロテアーゼを低濃度で加えると、モーターであるダイニンはあまり分解されず、ダブレット微小管を束ねているネクシンやスポークが分解されてなくなります。ここにＡＴＰを加えて暗視野顕微鏡で観察したところ、ダブレット微小管がスルスルと滑ってきたのです（図５・１、前ページ）。

サティアの観察とギボンスの滑り運動の観察により、細胞の毛は微小管の収縮でなく滑りによって生まれることがわかりました。

力を出すダイニンモーター

　では、ダイニンは、どのように力を発生して微小管を滑らせるのでしょうか。ここでは、これまでわかっている範囲でお話ししたいと思います。

　まず、ＡＴＰを分解するときに発生するエネルギーは、ダイニン自身の形を変化させるのに使われます。この形の変化が、微小管を滑らせる力の発生に重要です。ＡＴＰが分解される反応は、水が必要なことから「加水分解」といいます。まず、ダイニンにＡＴＰが結合し、ＡＤＰ（アデノシン二リン酸）と無機リン酸（Pi）に分解されます。その後、Piが外れて、ダイニンがＡＤＰに結合した状態になります。最後にＡＤＰが外れてもとの状態に戻ります。

　研究では、Piとよく似た分子ですが、ダイニンから遊離しないバナジン酸（Vi）が、ダイニン‐ＡＤＰ‐Piの状態を作り出す目的で用いられます。バナジン酸は、ダイニンの強力な阻害剤として作用します。ホイザー博士らは、急速凍結ディープエッチング法を用いて、ダイニン‐ＡＤＰ‐Viの状態で形が大きく変わることを示しました。私も、ウニ精子のダイニンを用いて、形の変化を１９８９年に生化学的に証明しました。形がもとに戻るのは、Piを放出するときです。最近、ダニエラ・ニカストロ博士らは、鞭毛が曲がっているところとまっすぐなところでダイニンの形が異なることを、クライオ電子線トモグラフィーで明らかにしました。

ダイニンの形の変化を詳しく見てみましょう。

イギリスのスタン・バージェス博士は、大岩和弘博士、榊原斉博士らと共同で、クラミドモナス鞭毛のダイニンの変化を、電子顕微鏡（ネガティブ染色法）により詳細に観察しました。ダイニンがATPを分解する際、テールの位置が変わり、ヘッドとテールの間の部分（リンカー）がヘッドの中に巻き込まれ、ヘッドが大きく回転するというものです（図5・2）。

ゼンマイが周期的に動くようなイメージでしょうか。このとき、ダイニンのストークは、B小管との位置を変えずに大きく傾きます。上野裕則博士と広瀬恵子博士らは、軸糸に結合しているウニ精子外腕ダイニンを観察したところ、ストークの角度は変わらないままヘッドが回転し、力発生のパワーストロークにつながることを示しました。

ダイニンが力を発生するときには、細胞の毛の性質も大きく変わります。奥野誠博士は、精子の鞭毛が運動しているときに、その硬さが数十倍変わりうることを、微小ガラス針を使って示しました。上村慎治博士と高橋景一博士は、微小ガラス針のたわみから、ウニ精子の

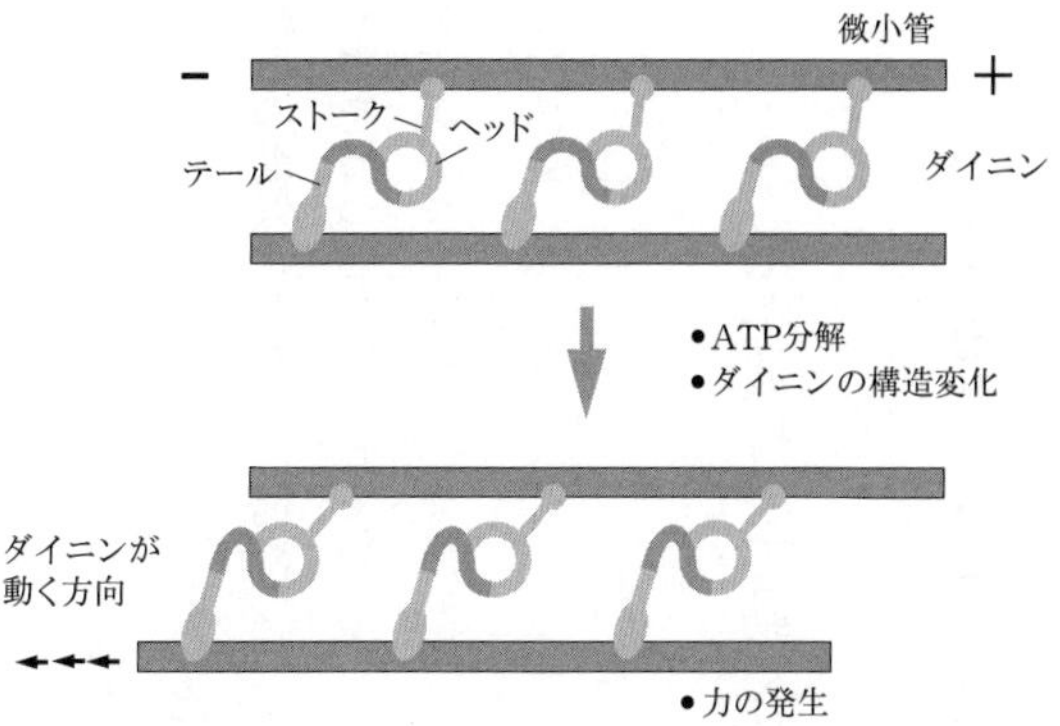

図5・2　ダイニンが力を出す仕組み。ダイニンは、ATPのエネルギーを使って形を変えて力を発生させ、微小管上をマイナス端方向に動く。

微小管が滑り運動をするときのダイニンの力を測定しました。ダイニン1分子あたり1pN（ピコニュートン）の力を発生すると見積もられました。また、別の実験では6pNと見積もられています。

1Nは102グラムの物体を支えるほどの力です。

ピコは単位の頭に付ける接頭辞で、10のマイナス12乗（0・000000000001）を示します。つまり1pNは、0・000000000102グラムの物体を支えるほどの力です。とても小さな力に思えます。

一方で、1分子のATPが分解されると、10のマイナス20乗ジュールあまりのエネルギーが放出されます。ゼロを並べるのは止めておきますが、ピコよりもはるかに小さな接頭語が必要なほど小さなエネルギーです。大切なことは、この小さなエネルギーからpNの力を出す効率です。いったいどのようになっているのでしょうか。まだわかっていません。

電気自動車は、ガソリン車に比べエネルギー効率が高く、低炭素社会を実現するために自動車の電気化が急速に進められています。分子モーターは100パーセント近いエネルギー効率を持つともいわれています。自動車のモーターとダイニン分子は大きさが1億倍も違いますが、エネルギーの変換効率の仕組みについては、大いに学ぶところがあるかもしれません。

5・2　毛が波打って動く仕組み

一次元の滑りから二次元の屈曲へ

皆さんには、ノート帳か表紙が柔らかい薄めの本を用意してもらいたいと思います。曲げ

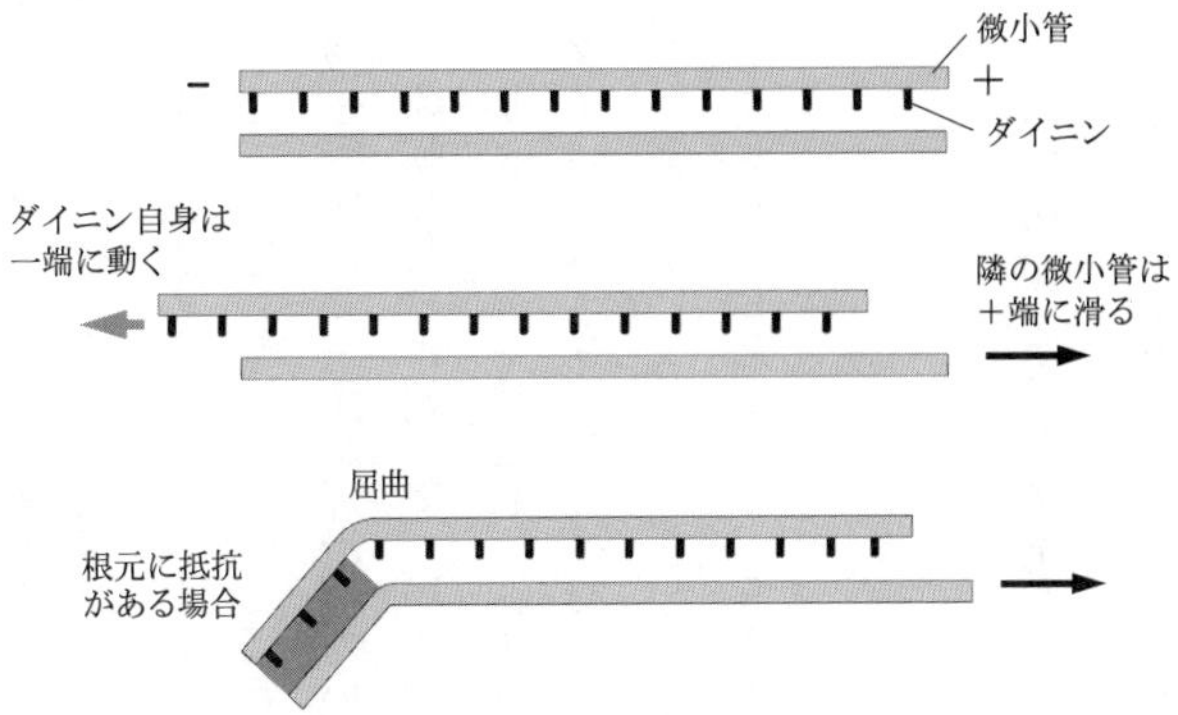

図5・3　微小管の滑りと屈曲の関係。ダイニンはマイナス端に動くモーターで、隣の微小管をプラス端に滑らせる。根元に抵抗がある場合には、屈曲が生じる。

てみると、先端がずれていることがわかります。これは、先にも述べましたが、紙が伸びたり縮んだりするわけでないので、背表紙が固定されていると、曲げることによって片側がずれるのです。これを微小管の滑りにたとえると、鞭毛や繊毛の根元が固定されていると、先端では屈曲の内側の微小管が飛び出るわけです。上下に二つの曲げを作ったらどうなるでしょうか。先端は飛び出ることなく、揃います。これは、精子が上下の波を作るときと同じです。

　第2章の「毛が生える仕組み、抜ける仕組み」のところで触れましたが、ダイニンの動きには方向性があり、自らが結合している微小管はマイナス端に向かって動きます。つまり、接する微小管は先端に動くわけです。この滑りが、軸糸の中でどのように繊毛の波の形成につながり、それが根元から先端まで減衰なく伝わっていくのでしょうか。この問題は繊毛研究の最大のトピックスといっても過言ではありません。

そこで図をご覧ください（図5・3、前ページ）。まず重要なことは、ダイニンが力を出して微小管が滑りますが、滑っていない部分があると屈曲が生じるということです。このことは、除膜したウニ精子に、局所的にＡＴＰを加えた真行寺千佳子博士らの実験で示されました。加えた部分を中心に、両方向に屈曲ができることを示した重要な研究です。

ダイニンは、９本のすべてのダブレット微小管にずらっと並んでいます。これらの９本が「おしくらまんじゅう」をしていては前に進みませんし、バラバラに綱を引いても綱引きは勝てません。したがって、９本のダブレット微小管の間にも、何かしらの調節がありそうです。

二つの束どうしで滑る

よくわかっているウニの精子を例に説明しましょう（図5・4）。ダブレット微小管は図

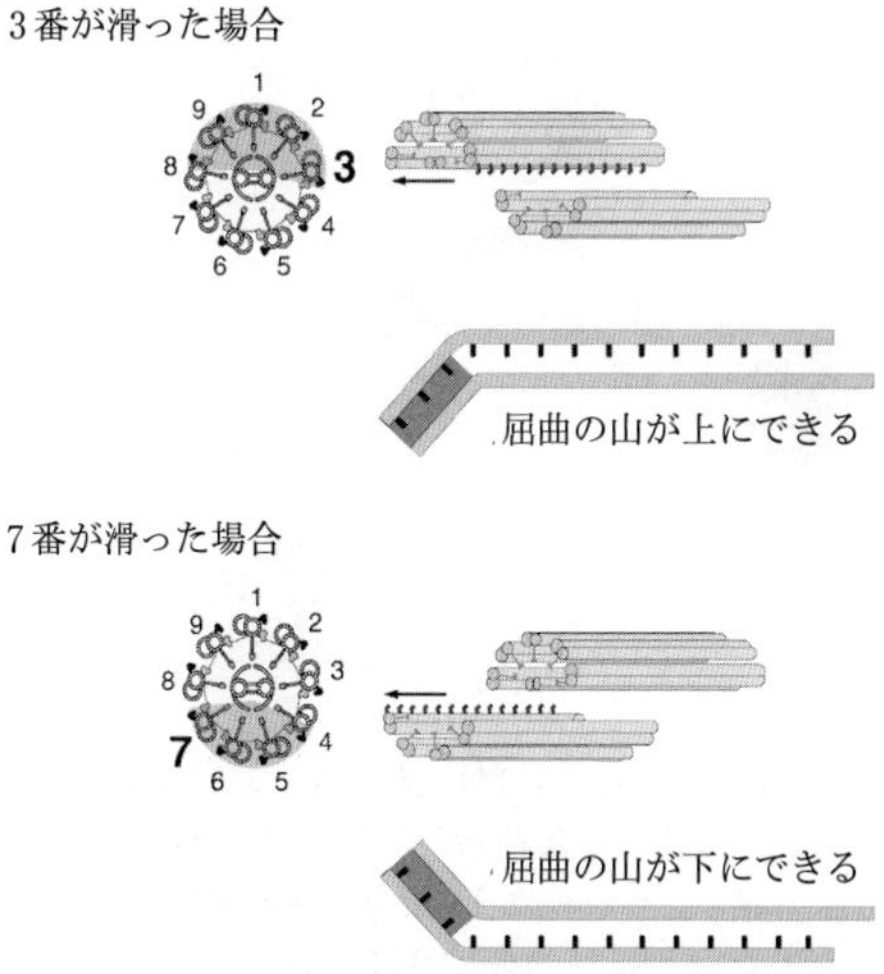

図5・4　9＋2構造の軸糸は、上下半分ずつを単位に滑る。上半分、下半分の滑りはそれぞれ3番、7番のダイニンによって起こされる。この場合、抵抗によって生じる屈曲は互いに逆向きになる。

のよう番号づけがされ、軸糸は中心対をはさんで上半分（8番から3番）と下半分（4番から7番）の二つの束に分かれます。上半分は3番目のダイニンにより滑り、下半分は7番目のダイニンにより滑ります。両者のダイニンの向きは逆で、図では3番は下向き、7番は上向きになっています。したがって、抵抗がある場合、軸糸は屈曲してそれぞれ上向き、下向きの山を作ることになります。

鞭毛の波が伝わるときには、3番と7番のダイニンが交互に滑りながら波を伝えていきます（図

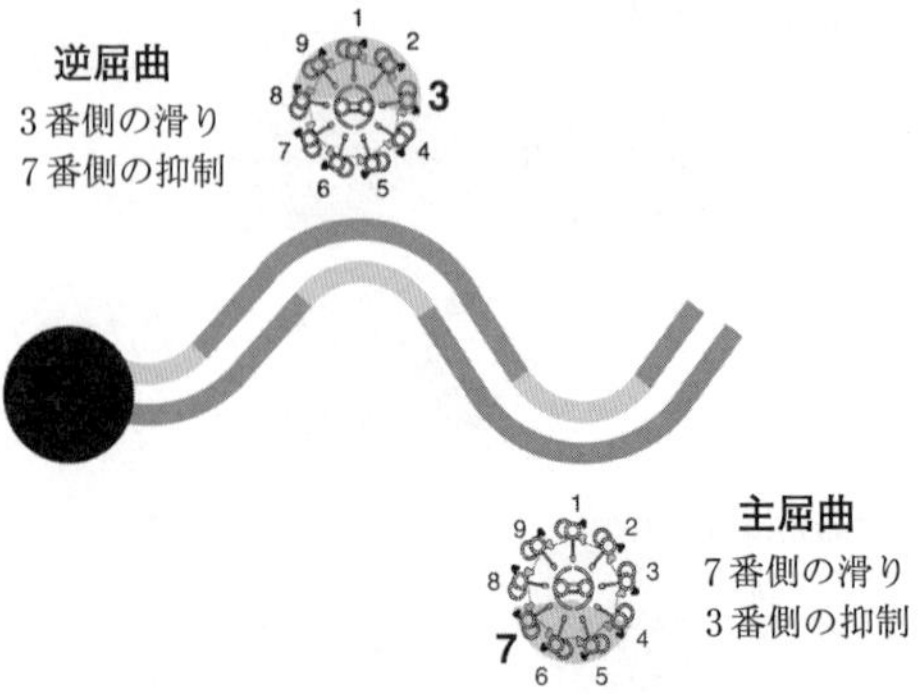

図5・5　精子鞭毛の波打ち運動のメカニズム。ウニの場合、中心対の面で上下2つに分割した軸糸の上半分は3番、下半分は7番のダイニンにより滑る。これにより、上下に屈曲の山が交互にできる。曲がっているところでは反対側のダイニン（薄灰色）は抑制され、これが抵抗となって屈曲が起こる。軸糸の断面図は根元から先端を見た場合を示している。

5・5)。曲がっているところでは、片方の束のダイニンにより滑っていて、もう片方の束のダイニンは抑制され、それが抵抗になっているのです。

例えば図の逆屈曲では、3番のダイニンが活性化され、上半分の束は滑っていますが、7番のダイニンは抑制され、下半分の束は抵抗になっているのです。(図を参照)。

鞭毛の根元は固定されていますが、鞭毛に沿ってできる滑りは完全に抑制されているわけではありません。完全に抑制されると波は止まってしまいます。抑制されつつも、伝わっていくことが重要です。つまり、ブレーキをかけながらも滑る、これもダイニンの働きです。

なお、もう少し詳しく話すと、波の曲がり具合は上下の波で異なります。より曲がりの強い方を主屈曲、弱い方を逆屈曲と呼びます。これは、非対称な波を作るときに重要で、逆屈曲の曲がりをより弱くすることにより、非対称性が強くなります。

ダイニンには、受ける力に反応してモーター活性を変化させることがわかっています。鞭毛や繊毛は１種類のモーターだけで波打ちしているのではなく、性能の違う、少なくとも８種類のモーターが鞭毛や繊毛の中にあり、それらが協調しあって波打ち運動を起こしています。これら８つのダイニンは、微小管を動かす速度が異なります。このことがダイニンへの力の負荷につながり、規則正しい波の発生に関係している可能性があります。

例えば、外腕のダイニンは速度を上昇させることに関係しています。内腕は運動の速度を上げるよりも、波を作ったり、伝えたりすることに重要であると考えられています。内腕は７種類あり、それぞれの内腕種で微小管を滑らせる性質も異なります。また、後で述べますが、外腕ダイニンは、振動数の上昇のみでなく、非対称波の伝播にも関係しているなど、軸糸のそれぞれのパーツの役割については、完全に限定できないこともわかってきています。

わずか０・０００２ミリメートルほどの毛の中で、こんな複雑な仕組みでさまざまな動きと波を作り出す細胞の毛。まさに驚異のメカニズムです。

二次元の平面波と三次元のらせん波

ダイニンには、それ自体、微小管の曲がりなどの力に反応して、モーター活性を変える能力があるとお話ししました。多数のダイニンがどのように関係しあって波を形成しているのかは、繊毛運動の仕組みを知る上で、すごく大事なポイントです。しかし、無数のダイニンに加え、その付属物からなる軸糸で、どのような分子リレーが行われているのかを調べることは、容易ではありません。研究者は、この難解なパズルに、実験と理論から果敢に取り組んでいます。

まだわかっていないことだらけですが、パズルを解く鍵がいくつか得られていますので、それらを紹介します。まずは、ウナギやウツボ、そしてカブトガニの精子です。これらの精子が運動するときは、鞭毛の根元から先端まで、らせん波（らせんを描くように立体的に動くことで伝わる波）が減衰することなく伝わっていきます。実は、これらの生き物の精子の鞭毛を見ると、中心対とラジアルスポークがないのです（図5・6）。ということは、中心対

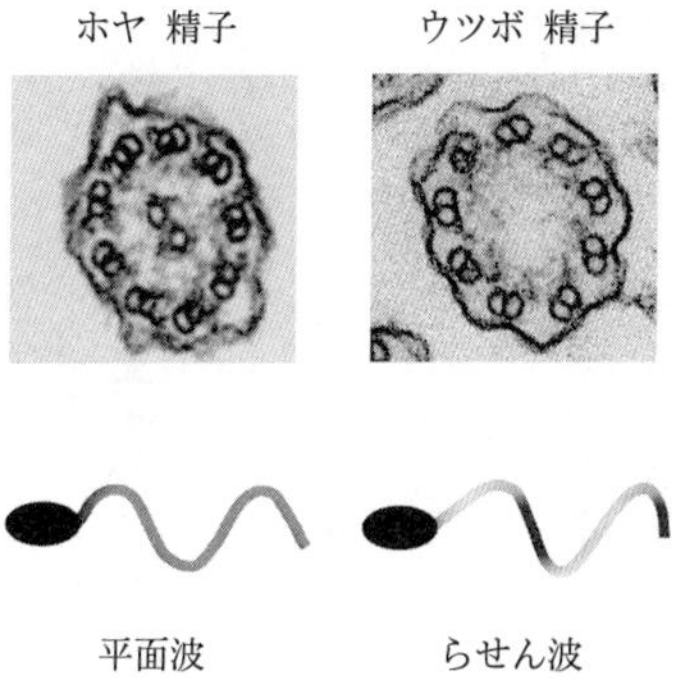

図5・6　中心対の役割。9＋2構造を持つホヤ精子の鞭毛は平面波を打つが、中心対のない（9＋0構造）ウツボの精子の鞭毛はらせん状に波を伝える。

とラジアルスポークは、平面波（平面を伝わる波）を作ることに関係していそうです。実際、9＋2構造のウニ精子では、図5・4（201ページ）と図5・5（202ページ）に示したように、中心対を境にした上下の微小管の束を単位にして滑り、ほぼ完全な平面波で運動します。

　ウニと同じ棘皮動物のタコノマクラの精子は、ときどき、らせん波で運動する精子が見られます。ホヤ精子の場合にも同様です。しっかり中心対やラジアルスポークがあるのに、これらの動物の精子がらせんになるのはなぜでしょうか。石島純夫博士によると、精子に何らかの力が加わるとらせんになるようです。ここには、力学的な負荷が関係しているようです。その証拠に、溶液の粘性を高めた場合にはらせん波が多く見られるようになります。
では、実際に運動を司るモーターは、中心対とラジアルスポークによってどのように制御されているのでしょうか。

モーターのスイッチング

繰り返しになりますが、ウニ精子の場合、３番と７番の微小管は、中心対の両端にあります。平面波は、この中心対の面の上下に打っているのです。魚類の精子に見られる、推進力を高めるための「フィン」も、この面に存在します（図４・３、１６９ページ）。つまり、９本のうち、３番と７番の２本の微小管にあるダイニンの働きにより、滑りと屈曲が起こるのです。ということは、３番と７番のダイニンは、他の微小管に結合しているダイニンと異なり、何らかの特別な制御を受けていることになります。そして、この部分が交互にオン・オフになることが、中心対の面の上下に屈曲が生じるメカニズムであると考えることができます。

中心対やラジアルスポークのないウナギやカブトガニの精子は、この制御がないために、微小管の滑りによる力を隣の微小管のダイニンにフィードバックしながら、1番から9番まで順番にオンされることにより、らせん波が生まれると考えることができます。それでは、中心対やラジアルスポークは、どのようにして3番と7番の微小管にあるダイニンを制御しているのでしょうか。

フレッド・ワーナー博士とサティア博士は、鞭毛の曲線部分ではラジアルスポークが鞭毛の軸に沿って傾いていることを見つけました。彼らは、波が伝わるときに、ラジアルスポークと中心対は脱着して位置を変えているのではないかと考えました。その後、40年の時を経て、小田賢幸博士と吉川雅英博士らは、クラミドモナス鞭毛のスポークヘッドと中心対の物理的な接触が、ダイニンの活性化に必要であることを示しました。

それでは、ダイニンはどのようにして活性化されるのでしょうか。八木俊樹博士らは、ラジアルスポークと中心対がなく運動しないクラミドモナスの変異体でも、水圧をかけてダイニンとダブレット微小管の距離を縮めると動き出すことを示しました。微小管が滑るためには、ダイニンと隣のダブレット微小管が至近距離にある必要がありそうです。つまり、平面波を作るためには3番あるいは7番のダイニンを隣の微小管（すなわち4番あるいは8番）に近づけたり遠ざけたりする機構があるということです。スポークヘッドと中心対の物理的な接触が、ダブレット微小管を中央へと引っ張り、ダイニンと微小管の距離を縮めていると考えられます。この接触を可能にするには、カルシウムイオンやcAMP、リン酸化といった化学的なシグナル、および屈曲によって生じる力学的な効果が絡み合っているのではないかと考えられています。

まだまだわからないことがたくさんあるのですが、それは解き明かす楽しみがたくさん残っているということでもあります。あの小さな小さな細胞の毛は、どのようにしてあのしなやかで美しい軌跡を描いているのか。研究者たちの探究はこれからも続きます。

5・3　波を制御する仕組み

細胞の毛がすごいのは、ミクロの毛であるにもかかわらず、単にランダムに動くだけでなく、まわりの環境に応じて、運動を止めたり、活発にしたり、目的を持ってどこかに向かっていくことです。つまり、運動を変えることができる点です。運動を変えることができるということは、コントローラーとそれに対応する装置が備わっているということです。

ここでは、ダイニンの調節の仕組みと、それがどのように波や遊泳の変化につながるのかを見ていきましょう。

波打ちのスピードを変える

波形が変わらないかぎり、打頻度（1秒間に何回波打つか、つまり振動数のこと）が増加すれば、細胞の遊泳のスピードは上がります。波の振れ幅（振幅）が大きくなった場合でも遊泳速度は上がります。逆に、毛の長さが同じ場合、波長が大きくなると速度は下がります。

ATPの濃度が高い場合には振動数は上がります。ダイニンのATP加水分解と微小管滑り運動の速度が上昇するからです。酵素反応と同じです。しかし、鞭毛や繊毛には、細胞内のATP濃度が同じでも、振動数が変化することがあります。

極端な例は、第1章でもお話ししました精子です（図1・3、35ページ）。精子は体内にあるときには、すでに高速で運動するのに十分なATPが含まれているにもかかわらず、運動を停止しています。しかし、体外に出た瞬間、激しく運動するようになります。このときに何かが起こっているはずです。

ダイニンを活性化させる方法はいろいろあります。鞭毛の中のpHは重要です。pHは酸性、アルカリ性を示す数値で、溶液の水素イオン（H^+）の濃度で決まります。酸性は、溶液に含まれる水素イオンが多い状態でpHの値は低く、逆にアルカリ性では水素イオンが少なく、pHは高くなります。中性では、水素イオンの濃度と水酸化物イオン（OH^-）が等しく、pHは7です。ダイニンは弱アルカリ性のpHで最も活性化されます。鞭毛や繊毛の中のpHを低く保って運動を抑え、活性化されるときは、細胞膜のイオンチャネルやポンプを使って水素イオンをくみ出しpHを上げて、ダイニンを活性化することができます。

タンパク質のリン酸化も、ダイニンの調節に重要です。リン酸化は、鞭毛や繊毛のみならず、細胞の中のさまざまな活動を調節しています。リン酸化を行う酵素であるプロテインキナーゼが、ＡＴＰの末端のリン酸基をアミノ酸に転移させます。リン酸化された部分には、リン酸のマイナスの電荷が入りますので、タンパク質の構造が変わります。それにより、タンパク質が活性化されたり、不活性化されたりするのです。細胞の中には、リン酸基をはがす酵素であるプロテインホスファターゼも存在し、両者の活性のバランスにより、細胞の状態が調節されています。

精子運動が活性化されるときにリン酸化されるダイニンサブユニットがいくつかわかって

います。例えば、外腕ダイニンの軽鎖です。軽鎖とは、ダイニンを組み立てている複数のタンパク質のうち、サイズ（分子量）が小さい方のタンパク質のことです。これは、cAMP依存性プロテインキナーゼによってリン酸化されます。リン酸化により、ダイニンによる微小管滑り運動が上昇します。また、内腕ダイニンの中間鎖（ダイニン重鎖と軽鎖の間のサイズをもつ）は脱リン酸化されます。内腕ダイニンの場合には、外腕ダイニンとは逆に、リン酸化はモーターの活性を抑える方向に働くのです。モーター部分であるダイニン重鎖もリン酸化されますが、これがどのようにモーターの活性化につながるのかは、わかっていません。

運動の活性化にともなって、ダイニンモーター以外の成分にもリン酸化が起こることがわかっています。その中には、イオンの出入りを調節するチャネルの成分や、プロテインキナーゼの調節因子なども含まれます。これらは、細胞の外の環境変化を受け取って、ダイニンの活性化へとリレーするための「シグナル伝達」に関わるものです。

細胞の毛はこのようにいろいろなやり方で動きをコントロールして、その目的や機能を果たそうとします。何度も言いますが、これがナノの世界で行われてきて、生き物を進化させたり、生殖を可能にしたり、生き物の形を決めていたり、生命を維持させたりすることに深く関わっているのです。

波の対称性を変える

手漕ぎボートでまっすぐ進むためには、両方のオールを均等に漕がなければなりません。障害物を避けるときには、進みたい方向のオールを強く漕ぎます。同じように、精子の鞭毛の波が対称に波打っている場合にはまっすぐ進みます。曲がるときには、片方の屈曲を小さくし、波形を非対称にします。

この波形は、方向転換する間は保たれます。強く方向転換するときには、逆屈曲をさらに小さくします。屈曲が大きいと滑りが大きく、小さいと滑りが小さいということになります。つまり、非対称な場合には、屈曲の度合いによって、ダイニンのモーター活性が異なることを示しています。

波の非対称化には、カルシウムイオンが重要な役割を果たしていることが知られています。このことは、精子やクラミドモナスでよく調べられています。精子の場合には、鞭毛内のカルシウムイオン濃度が高い場合には非対称波で円運動を、低い場合には対称波で直進運動をします（図5・7）。クラミドモナスの場合にはこの逆で、カルシウムが高い場合には対称波、低い場合には非対称波となりますが、この変換に大切なのが、第3章でお話しした、カ

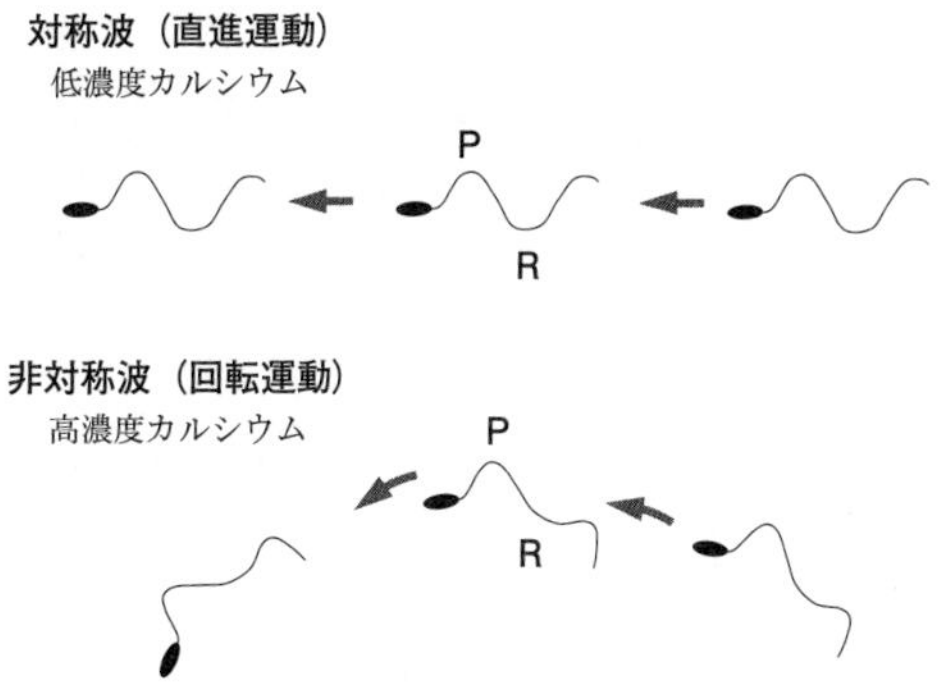

図5・7　精子鞭毛の対称波と非対称波。精子内のカルシウム濃度が低いときには対称な波を作り、高いときには非対称な波を作る。その結果、まっすぐ動いたり、曲がったりすることができる。Pは主屈曲、Rは逆屈曲（図5・5とは上下を逆に描いていることに注意）。

ラクシンや軽鎖4というカルシウムセンサーです。

　この対称波、非対称波の変換のわかりやすい例が、すでに第1章でお話しした精子の走化性です（図1・5、39ページ）。ホヤの場合には、卵から放出されている走化性物質が、濃度勾配を作っています。通常、対称波に近い波で動いていますが、走化性物質の勾配を感知して、卵から遠ざかるときに大きくターンして、再び卵に近づいていきます。このターンのときに、鞭毛内のカルシウム濃度は大きく上昇し、波が非対称化します。卵に向かいはじめると、カルシウム濃度は減少し、波は対称波に戻ります。

精子が卵に近づけるのは、波を変化させる仕組みがあるからで、決してランダムに動いているわけではありません。精子は、対称的な波と非対称の波をうまく使い分けながら巧みに細胞の毛を動かし、卵に近寄っていくのです。

外腕ダイニンがないクラミドモナスの変異体は、鞭毛打頻度が減少します。カルシウム濃度が低いときは野生型と同じ非対称波で運動します。また、ハワイ産のウニでは、外腕を抽出した精子トリトンモデルを作ることができます。外腕ダイニンのないモデルでは、振動数は約半分になりますが、正常な対称波形で運動することができます。つまり、基本的な波の発生は、内腕ダイニンだけで十分であるということを示しています。

外腕のないクラミドモナス変異体では、カルシウム濃度を高くしても対称波にはなりません。精子の波の対称‐非対称が、外腕がない状態で見られるかどうかは、まだわかっていません。ハワイ産のウニを用いて、ぜひ実験したいところです。いずれにしても、外腕ダイニンは、対称波と非対称波の変換に重要であることは確かで、カルシウムセンサーはその中心を担っています。

外腕ダイニン以外でも、内腕ダイニンやラジアルスポーク、中心対にもカルシウム結合タンパク質が含まれています。これらは屈曲を生成するための、ダイニンのスイッチングに関

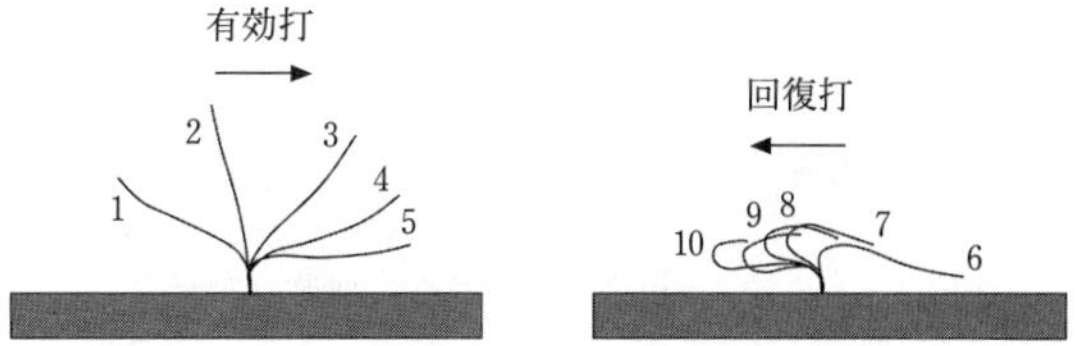

図5・8　繊毛型運動の有効打と回復打。数字の順に波形が変化する。

係していると思われますが、詳しいメカニズムはわかっていません。

上皮繊毛の動き

上皮繊毛や繊毛虫の繊毛は、基本的に非対称波です。波形がほぼまっすぐで推進力を生み出す波打ちを「有効打」と呼びます。一方、屈曲を大きくして繊毛を折りたたみ、できるだけ抵抗を受けないようにしてもとの位置に戻る波打ちを「回復打」と呼びます（図5・8）。有効打と回復打の繰り返しパターンで打つ波を「繊毛型」、一方、精子のように、両方向に屈曲が生じて波打っているパターンは「鞭毛型」と呼びます。

ゾウリムシは、障害物にぶつかると、方向転換してスピードをあげて逃げていきます。内藤豊博士らの一連の

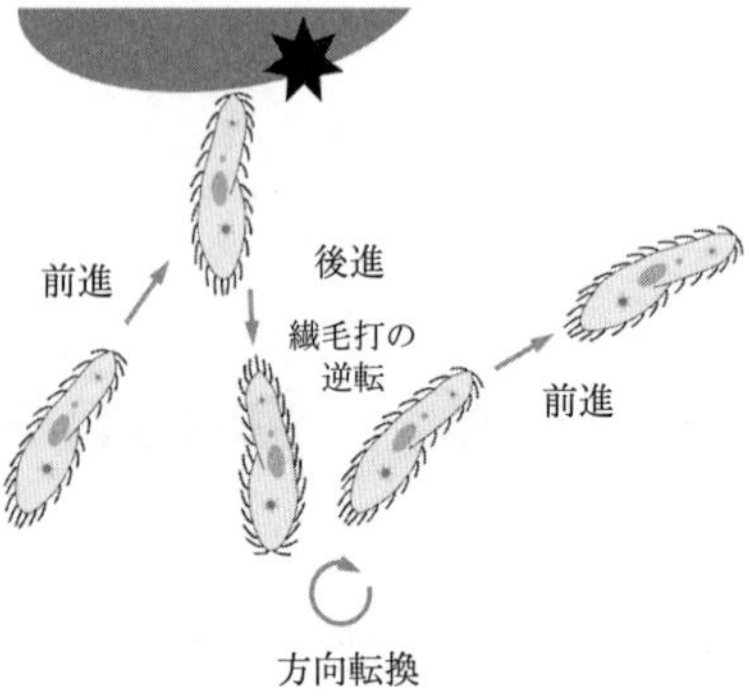

図5・9　障害物にぶつかったときのゾウリムシの方向転換。

研究により、機械刺激により細胞膜の電位が変化し、それが細胞内のカルシウム濃度の上昇を引き起こすことがわかっています。それにより、繊毛運動の波打ち方向が変わり、後退運動をします(図5・9)。

この場合、細胞内のセカンドメッセンジャーであるcAMPとカルシウムイオンが重要な役割を果たしますが、別のセカンドメッセンジャーであるcGMPも関係することがわかっています。少なくとも、cAMPとカルシウムイオンは直接、軸糸のダイニンの活性化に働きます。

動物の上皮繊毛でも、一時的に止まってしまったり、激しく動いたりします。輪卵管や子宮の繊毛は、卵や精子の運搬に関係しています。ホルモンに制御された性周期に応じて、繊毛は活性化します。気管では、細菌や化学物質によって繊毛打頻度が上昇し、異物を効率よく排出しています。この他、セロトニンなどの神経伝達物質でも、繊毛運動が活性化されることも知られています。ホルモンや神経といった、体内の調節を司っているシステムと連動して、繊毛の運動がうまく調節されているわけです。

毛の機械受容

機械的な刺激により鞭毛や繊毛の運動が変化するのは、繊毛虫だけではありません。ウニ幼生の繊毛も、機械刺激を受容していることが私たちの研究で示されました。幼生の頂毛は船首のような役割を持つと考えられますが、頂毛が障害物に衝突すると幼生は方向を変えて前進します。頂毛に含まれるあるタンパク質の働きを阻害すると、障害物から抜けられなくなります。

一方、ウニの精子は、障害物にぶつかったときには、極端な非対称波を作ります。この場合には、精子は運動を停止します。やがて、方向転換して再び泳ぎ出します。運動を停止するときには、精子内のカルシウム濃度を上昇させ、極端な非対称波を作ります。

ホヤは雌雄同体であり、自分の精子が自分の卵に受精しない自家不和合性を示します。この仕組みは澤田均博士らによって調べられています。自家不和合性は植物ではよく知られています。親子や兄弟など、遺伝的に近いものどうしの交配は、いろんな遺伝子の組み合わせができないだけでなく、潜性の病気などの遺伝子が現れる頻度が増します。自家不和合性はこれらを避けるための仕組みです。

ホヤの場合、放出された精子が自ら放出された卵に結合すると、精子は卵に結合することはできますが、卵の中に入ることはできません。この時、精子が卵に結合すると、精子内のカルシウムイオンが上昇して鞭毛は非対称になり運動を停止してしまうのです。このため、精子は卵に入ることができません。まるで拒否されたようになるのです。

カルシウムイオンが細胞の毛を調節することは、一次繊毛のところでもすでにお話ししました。腎臓における水流の感知や、内耳における平衡感知です。これらも、繊毛による機械受容の一種で、すべてカルシウムの流入が関係しています。この場合、カルシウムのシグナルは、運動ではなく細胞分裂や神経刺激など、別のシグナルへと変換されていきます。吉村建二郎博士らは、トリップ（ＴＲＰ）と呼ばれるイオンチャネルがクラミドモナスの鞭毛に存在し、カルシウムイオンを介した機械受容を司っていることを見つけました。ＴＲＰチャネルは１９８９年にショウジョウバエで発見され、広く細胞のセンサーとして働いていることが知られています。

私たちの体の中では、実に多くの細胞が休むことなく働き、生命を維持してくれています。この細胞たちの複雑で精巧な動きはどのようにしてコントロールされているのか。その仕組みのすべてはわかっていません。細胞の毛を研究する一つの意味は、このような細胞の制御メカニズムの新たな発見にもつなげられることです。

光に反応する毛

クラミドモナスは２本の鞭毛を使って有効打と回復打を繰り返しながら平泳ぎのように進みます。細胞が小さいために、回復打のときにはほんの少しバックしてしまいます。回復打のときにも抵抗を受けて後ろ向きの推進力が働いてしまうからです。

精子の非対称波の説明で、手漕ぎボートの話をしましたが、どちらかと言えば、クラミドモナスの２本鞭毛の方が手漕ぎボートに近いでしょう。

クラミドモナスは、２本のオールを使うボートのように、２本の鞭毛をうまく使いながら

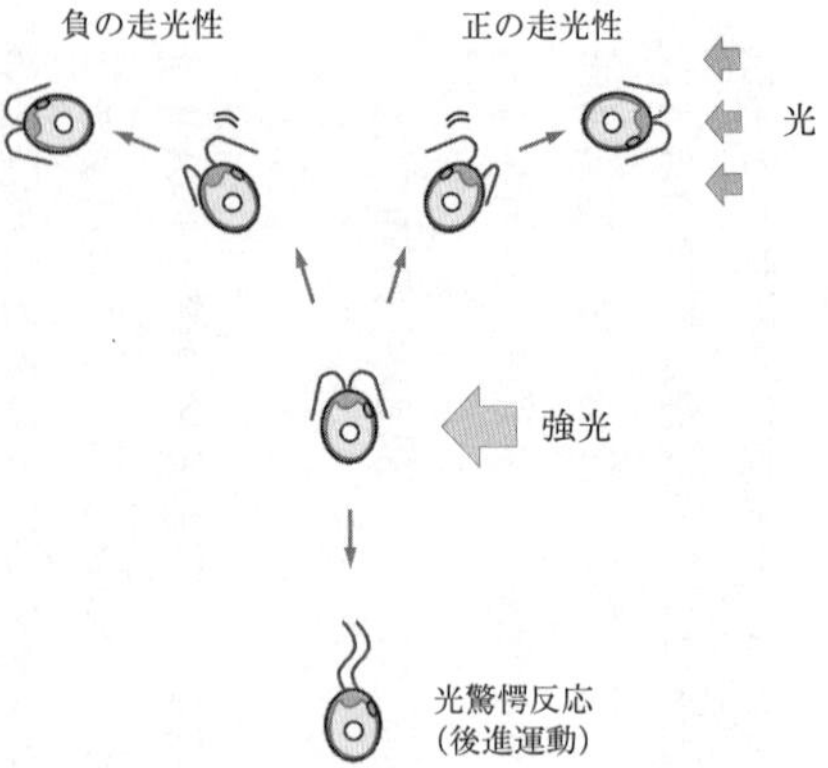

図5・10　クラミドモナスの光反応。2本の鞭毛の運動をコントロールして、光の強さに応じて光に寄っていったり（正）、避けたりする（負）。極めて強い光を受けたときには、鞭毛を対称波に変えて後進する。

方向を変えることができます。弱い光に向かっていく正の走光性や、強い光から遠ざかる負の走光性がそれです（図5・10）。より強い光が当たったときには、後進して光を避けることができます。これは「光驚愕《きょうがく》反応」と呼ばれます。

2本の鞭毛の運動を変えるには、非対称なシグナルが必要です。それは、光の方向を感知する眼点が、細胞の一端に位置するからです。ここには、光受容タンパク質オプシンの一種、ロドプシンが存在します。葉緑体にあるカロテノイド色素の層が光を反射することで、ロドプシンに送る光を増幅すると考えられています。このロドプシンはチャネルロドプシンと呼ばれ、光を受けると、カルシウムイオンが通りやすくなります。２本の鞭毛は、カルシウムイオンの感受性が違いますので、運動の違いが生まれるのです。また、若林憲一博士らにより、細胞内の酸化状態、還元状態の変化で走光性の正と負が入れ替わることがわかっていますが、この変化もダイニンの調節に働いていると考えられます。

面白いのは、細胞内のカルシウム濃度がすごく高くなると、繊毛型から、精子のような対称波である鞭毛型に変わる光驚愕反応です。機械刺激の反応に似ています。この場合には当然ながら、クラミドモナスは泳ぐ方向を変えて後退します。光から避けて後進運動をする、合目的な反応です。精子ではカルシウム濃度が高くなると対称波から非対称波に変わりますので、クラミドモナスでは、精子とはまったく逆の反応です。これは、すでに第３章でお話ししました。

さて、クラミドモナスに限らず、多くの生物は光に反応します。光を避ける生物も含め、光は地球上の生物にとって極めて重要な環境因子です。ユーグレナや褐藻類の配偶子では、鞭毛に存在する光受容タンパク質が運動を調節していることが知られています。光受容タンパク質には、ＢＬＵＦやＬＯＶと呼ばれるフラビンヌクレオチドと結合する領域が含まれています。ユーグレナの光受容タンパク質は、鞭毛軸糸の外側にある副鞭毛桿という構造体に存在します。アデニル酸シクラーゼ活性があり、青色光によりcAMP合成が活性化されます。これが鞭毛の運動を変化させます。

最近私たちは、ＢＬＵＦ領域を含むタンパク質が内腕ダイニンに結合していることを発見しました。光が直接分子モーターを調節している可能性を示しています。クラミドモナスでは、このタンパク質は光順応に関係します。このタンパク質がないと、通常は強い光を避けるクラミドモナスが、光に向かって泳いでしまいます。強い光に当たると活性酸素ができてしまい、毒性が強いのですが、それに向かってしまう、まさに飛んで火にいる夏の虫です。さらに面白いのは、このタンパク質が動物の鞭毛や繊毛にも存在していることです。精子は光で運動が変わるのでしょうか。気管の繊毛は光を当てると活性化されるのでしょうか。この辺の研究はこれからです。

隣り合った繊毛どうしの協力

もう一つ、繊毛が波打つ面白い仕組みを紹介したいと思います。

上皮の多繊毛では、繊毛どうしがタックルを組んで波を発生させ、まとまった強い推進力を発生します。この場合、波を打つ方向を一致させることが重要です。波の打つ方向は中心対の位置で決まりますが、上皮細胞にはこれを確実にするために、繊毛の基部にしっかりとした土台が存在します。この土台を作るタンパク質がなくなると、繊毛は勝手な方向に波打ち、効率の良い流れが生まれません。遺伝子操作でこのようなタンパク質をなくしたマウスでは、繊毛による水流の発生が不十分で、異物の侵入に対応できず、咳ばかりするようになります。つまり、繊毛のあいだで協調することが、上皮性の繊毛には重要であるということです。

隣り合った無数の繊毛が同時に波打ったらどうなるでしょう。もちろん、溶液の流れは起こります。しかし、効率よく連続した溶液の流れを起こすためには、並んでいる繊毛が同時に打つよりも、やや打つタイミングをずらした方が良いことがわかっています。ドミノ倒しや将棋倒しを想像してください。少しずれて波打つことから、メタクローナル（半同調）波と呼んでいます。

メタクローナル波の伝わり方にはいろいろあります。有効打の方向と波が伝わる方向が一致する場合を順打型といいます。有効打の方向と波が伝わる方向が逆になる場合は逆打型と呼びます（図5・11、次ページ）。これらの伝わり方は、運搬される粒子のサイズや発生しな

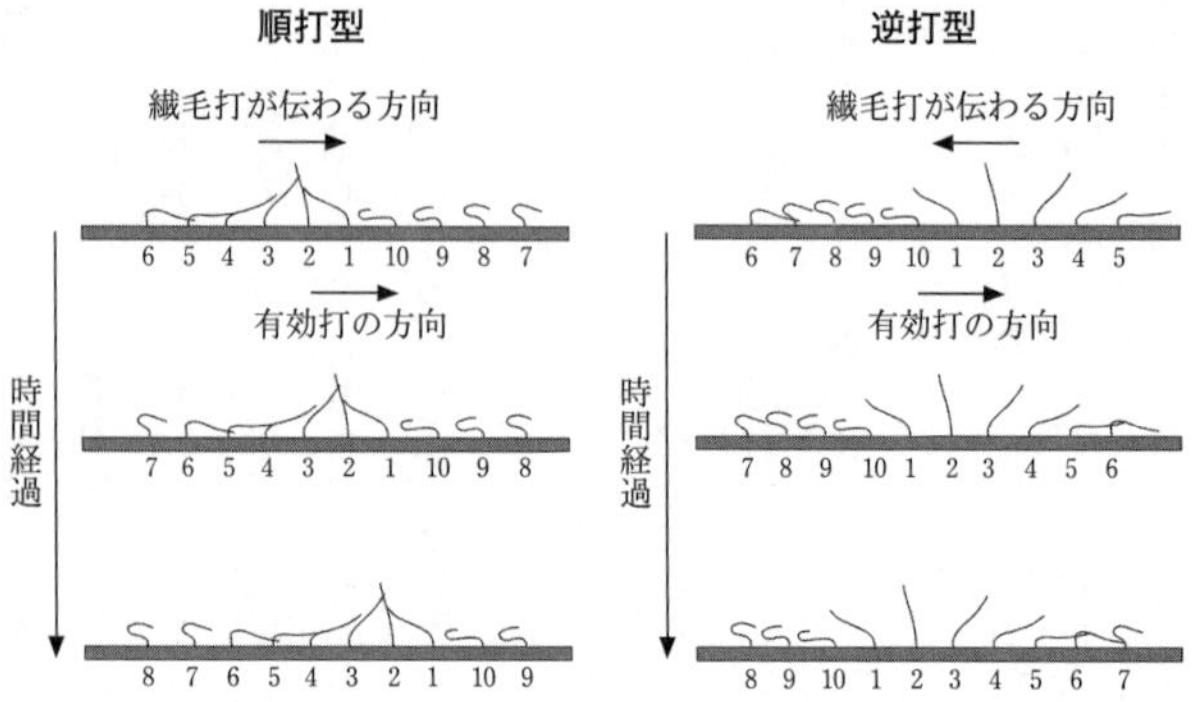

図5・11　メタクローナル波。各図は、上皮で観察される繊毛の波形と、その時間経過を示す。数字は、図5・8で示した有効打、回復打の波形番号。

ければいけない水流の方向などによって使い分けられます。

　例えば、順打型では、有効打の繊毛の間がせまくなり、繊毛が密になります。そのため、粘液が高い状態での運動や、大きな粒子を強力に送るときに適しています。一方、逆打型は、有効打の繊毛の間隔があきます。粘性の低い溶液を速く送るのに適しています。

　隣り合った繊毛間で、どのようなやりとりがあって、メタクローナル波を発生しているのかは、完全にはわかっていません。静岡県の伊東にある大室山で、強い風が吹く萱《かや》草原を見ていると、多繊毛が頭に浮かびます。こんなことを考えるのは、私だけかもしれません。密集している萱はいっせいに倒れるのではなく、ときにメタクロ−ナル波を伝えます。萱自体は動かないので、繊毛と単純に比べることはできませんが、多繊毛の波の伝播には、溶液から受ける流体力学的な力も働いています。また、電気的あるいは機械的なやりとりが隣どうしの繊毛間で行われていることも知られています。

第6章

細胞の毛は環境問題につながっている

6・1　海のそばで毛の研究

海とのつきあいのはじまり

磯に行って生き物を探すと、いろんな生き物がいることがわかります。色も形も、陸上では見ることができないさまざまなものがいます。子どもが両親に「えー、これ何?」とはしゃいでいる様子を見ると、私はうれしくなります。しかし、環境の変化で、将来、このような生き物が姿を消すかもしれません。そうなる前に、皆さんにもっと海の生き物のことを知ってもらいたいと思っています。

さて、いよいよ最後の章となりました。この章では海の話をしたいと思います。そして、細胞の毛が環境問題に関係していることについても語っていきます。細胞の毛はミクロで精巧なメカニズムを有しています。だからこそ、環境の変化が与える影響が大きいのです。細胞の毛がその働きや機能を発揮できなくなると、生き物はこれまでのように生きられなくなり、生態系や食物連鎖のバランスも崩れます。ミクロの世界は、私たちのいるマクロの世界と確実につながっているのです。本章では、そのことを少し詳しくお話ししたいと思います。

本題に入る前に、まず私が細胞の毛と30年以上もつきあってきた経緯を少し話させてください。私は海のない山梨県の出身です。少年時代は山や川で遊んで過ぎていきました。父の仕事帰りのお土産は、タバコのケースに入れたミヤマクワガタでした。小学校では、自宅から歩いて20分ほどの川にしばしば行って、弟たちと水中メガネとモリでヤマメを捕まえていました。魚を捕まえることに関しては、父を除き、ほかの誰よりもまさっていると自信を持っていました。

ただ、海への強い憧れがありました。最初に海の生き物を見て驚いたのは、静岡県の沼津に行ってたくさんのベラなどの魚を釣り上げたときです。川の魚に比べて、色彩が豊かで、かついろんな種類の魚がいることに驚きました。私の父は林業の仕事をしており、毎年、かなりの期間、出稼ぎで伊豆に行っていました。小学生の夏休み、父が行っていた伊豆に旅行をしたときに、水中眼鏡で海をのぞくと、ヤドカリなど、それまで見たことのない生き物がたくさんいました。とても感動したことを覚えています。

高校では、生き物が好きなのに、生物の得点はときに赤点（30点以下）をとったこともありました。生物は覚えることがたくさんあって、苦手意識を持っていたのです。それに比べ、数学や物理は得意でした。街灯のない星空は美しく、宇宙にもすごく興味を持ちました。数学と医学が好きだったのですが、高校の先生には、「数学よりも理科の方がいい。生物学も基礎医学も変わらない」と言われました。数学を専攻にしていた先生に言われたので説得力がありました。大学入試では物理と化学で受験し、ともかく最も成績が悪かった生物学に進むことになりました。

　大学に進学してからは、大谷海岸（静岡県）で投げ釣りにハマり、その後、東京に行っても三浦半島によく釣りに行っていました。何より、大学院の研究のテーマがウニの精子でしたので、東大の三崎臨海実験所や、房総半島、日本海など、ウニの採集に出かけて行きました。もぐりと狩猟については、川で養った能力が十分に生きていました。大学院ではウニ精子の鞭毛ダイニンを研究し、博士の学位を取りました。卒業後、神奈川県三浦市にある東大の三崎臨海実験所の助手になりました。それ以来、30年以上続く、海のそばでの「毛の研究」がはじまりました。

現場で生物と接する臨海実験所

臨海実験所は、英語ではマリンステーション、あるいはマリンラボラトリーといいますが、その歴史はダーウィンの頃までさかのぼります。臨海実験所は、海のことを研究するために作られたので、それらが位置するロケーションも意味のあるものでした。私はこれまで、国内や海外にある多くの臨海実験所の研究者と交流してきました。

歴史が古い臨海実験所としては、イタリアのナポリ、日本の三崎、アメリカのウッズホール、イギリスのプリマスにある実験所が有名です。私の恩師である毛利秀雄先生は、東大の駒場キャンパス（東京都目黒区）に移るまで三崎臨海実験所で助手をされていました。私が影響を受けた井上信也先生、下村脩先生は長年、ウッズホール海洋生物学研究所で研究を続けられました。

歴史の古い実験所は世界中に数多くあります。最も多く訪れた実験所の一つにフランスのヴィルフランシュ実験所があります。いまでも細胞・発生生物学や海洋生態学の聖地として多くの研究成果を出しています。また、最も古いとされるフランスのコンカルノー実験所では、水族館を開放し、市民向けの活動が主になっていますが、建物の奥には最先端の機器を

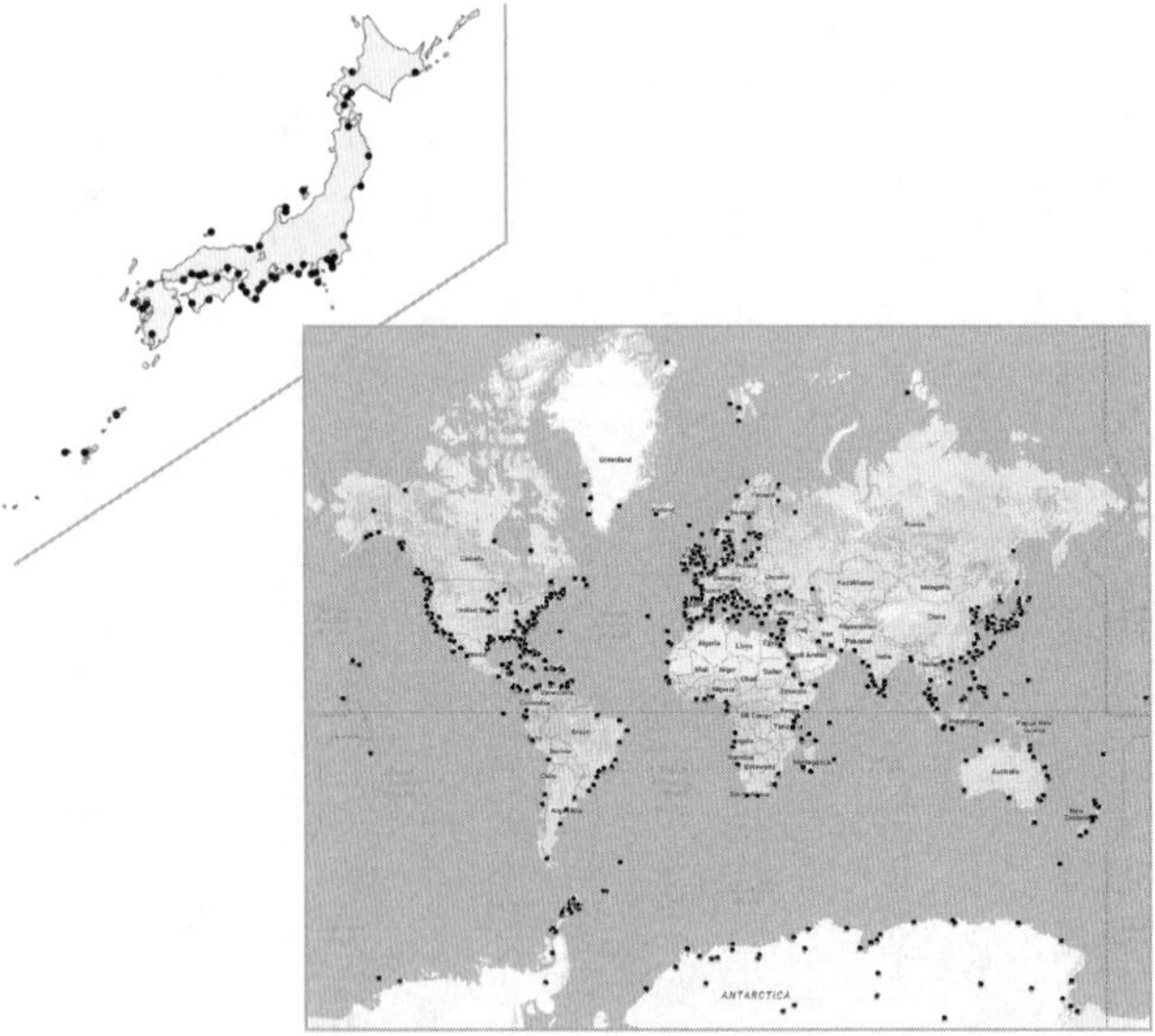

（黒い点はマリンステーションの位置を示す）

図６・１　日本と世界のマリンステーション。

備えた研究室があります。私は水族館が大好きですが、もともとは臨海実験所が生き物を飼育するために併設したものから、水族館は始まりました。

２０１６年、縁があってユネスコの仕事をすることになりました。そこで私は世界の臨海実験所の調査をしました。世界には８００近い臨海実験所があります（図６・１）。日本には、理学、水産学関係を合わせて、50以上の臨海実験所があります。

これらの臨海実験所は、フィールドに隣接していることに意味があります。山岳や湖沼などにあるものも含め、フィールドステーションはまさに「現場」で生物と接し、研究しながら教育ができる唯一の場所なのです。また、多くの施設が小学生やシニアなどの市民向けにフィールド観察会を開いていて、多くの人が海と地球環境を体験し考える良い機会となっています。皆さんの近くに臨海実験所があって公開講座などを開いていたら、ぜひ訪れてみてください。海を知ることは、私たち生物を深く知ることにつながります。

6・2　海の中の流れ

絶えず動いているワンオーシャン

海は地球の表面の71%、体積からすると実に99・7%を占めています。水に岩石から溶け出た成分が加わり、塩分やミネラルを多く含む海水になったと考えられています。さらに光合成生物により酸素が発生し、生物の進化を促しました。

もともと地球の表面はほとんどが海でしたが、地球内部からマントルが浮き上がって冷やされ、陸地ができました。陸地は、マントルの対流により、パンゲアと呼ばれる大きな大陸を経て、現在の大陸や島々に分かれていきました。有名なアルフレッド・ウェゲナーによる大陸移動説（１９１２年）です。大陸や島々は分かれていますが、それらが存在する海は一つにつながっています。ワンオーシャンといわれるゆえんです（図６・２）。

地球は、内側からも外側からも、いろいろな影響を受けています。自転や重力、月や太陽からの引力、太陽からの光エネルギーの影響を受け、海には風や潮の流れが生じ、絶えず動いています。海にすむ生き物はこの影響を大いに受けています。表面では、風や自転の力を受けて、表面海流が生じています。日本では南から北へ黒潮（暖流）が流れ、北からは親潮（寒流）が流れていますが、これらは大きな海流循環の一部です。

また、海の鉛直方向を見ると、南極から流れる深層水が北太平洋で上昇し、太平洋、インド洋を東から西へ流れ、大西洋を北上したのち再び沈降し、南極に戻っていきます。これは一周するのに2千年ほどかかるゆっくりした流れです。海水は表層海流と深層大循環のベルトによって連続的に流れています。連続的な流れによって全ての海洋がつながっているのです。

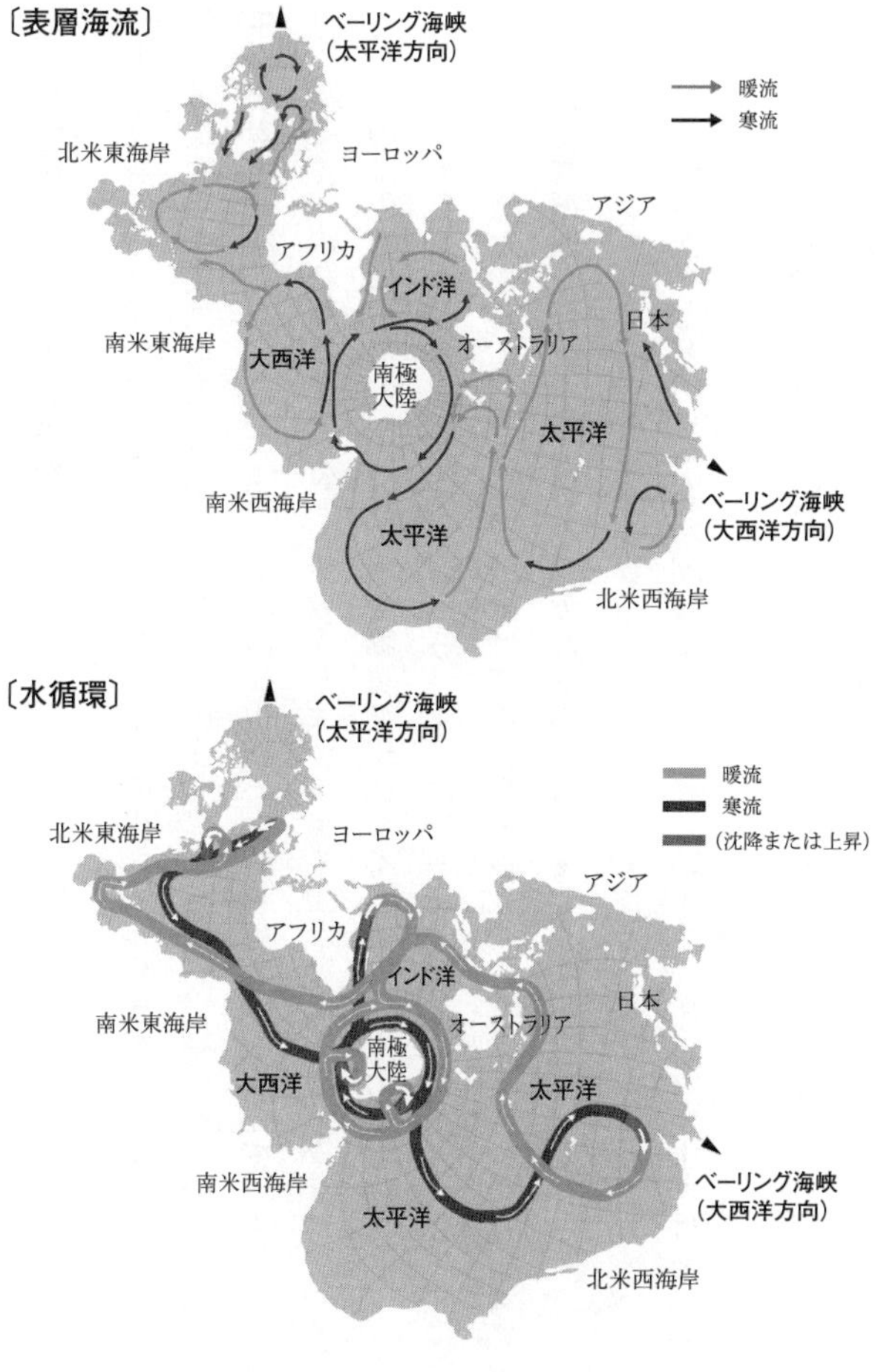

図６・２　南極から見たワンオーシャンと大きな海水の流れ。自転と風で起こる表層海流（上）と深層・表層をつなぐゆっくりとした水循環（下）。

大海原にくらす小さな生物の毛

大きな海原には、目に見えない小さなサイズの生き物が生きています。これらは、海洋の物質循環や生態系に重要な役割を果たしています。例えば、微細藻類は光合成による酸素発生や炭素循環を行う主役で、すべての海洋生物の生活を根底から支えています。バクテリアは、微細藻類の代謝物や分解物を栄養とします。繊毛虫などはそのバクテリアを食べます。これらの微生物は、海の中の食物網や物質循環になくてはならない生き物です。

アメリカ・スクリプス海洋研究所のファルーク・アザム博士ら（1983年）によって提唱された「微生物ループ」という概念は、これらの微生物によるミクロの食物連鎖のことで、海洋の物質循環を理解する上で不可欠なものとなっています。

植物プランクトンを動物プランクトンが食べ、動物プランクトンを小魚が食べ、その小魚を大きな魚が食べるといった食物網はよく知られています。微生物ループはその根底を支えているのです。

べん毛、鞭毛、繊毛などの運動装置は、これらの小さな生き物の世界で、効率よく流れを起こしています。そして、この流れは刺激への反応や運動など、小さな生物の営みになくてはなりません。しかし、この流れは、それよりも大きな海水の流れに対しては無視されてしまうほど小さなものです。私たちの歩きや、高速で走るポルシェも、太陽系をまわる地球の自転や公転とは次元の違う動きです。私たちが動いているときには、地球の動きなど意識しません。小さな生き物は、絶えず周りの水の世界に縛られながら動いています。しかし、海水の大きな循環の中でも確実に移動しているのです。

水の世界

生物は海という流れる水の中で生まれました。その流れの中で動きながら生き、進化を始めたのです。だから、生物は水なしでは生きていけません。私たちヒトの体の中も水で満たされています。どんな生き物もいつも水と相互作用しています。生物あるいは細胞が水の中でどのようにして動くのかは、生きていくために重要なことであり、その環境適応が進化に大きく関わりました。もちろん細胞の毛が大いに関係しています。

私たちからすると、水はさらさらと流れます。水泳選手は上手に水をかき分けて泳ぎます。しかし、ミクロの世界では、水はさらさらとは流れず、そこにある小さなものは体の周りの

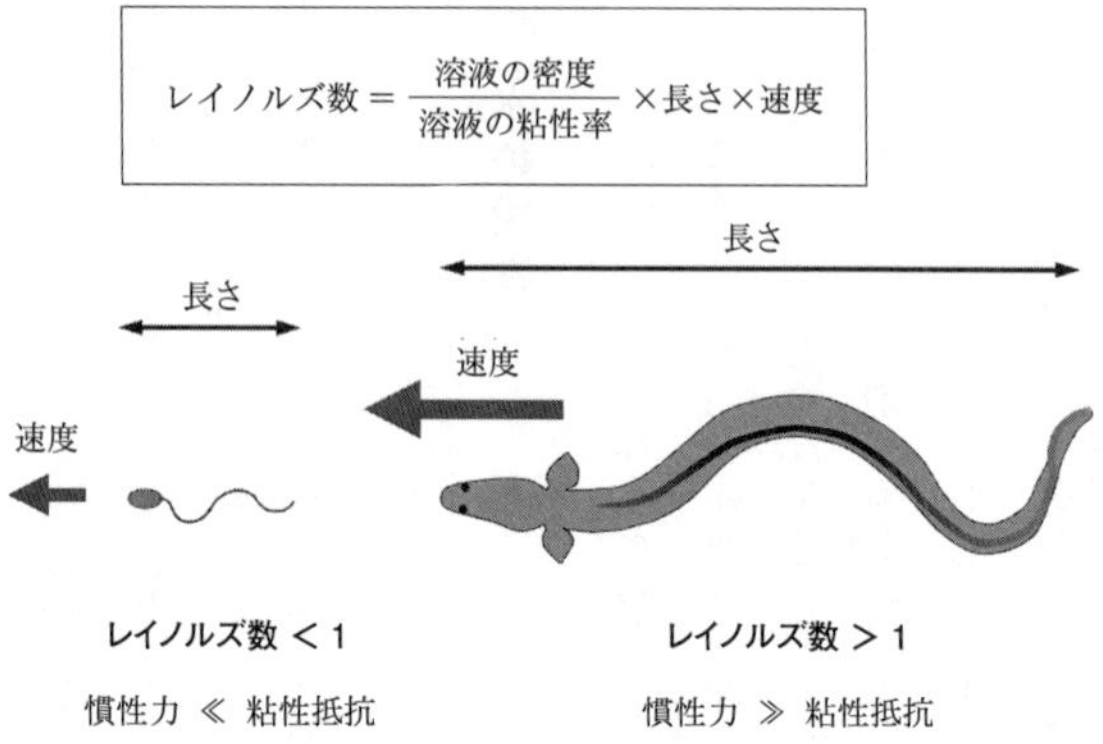

図6・3　精子とウナギの周りの水の流れ。

近くの水に縛られています。小さな分子の周りには「水和」により水分子が結合しています。タンパク質を加熱すると、この結合水と周りにある自由水との交換が激しくなり、タンパク質は不安定になり変性します。不凍タンパク質など低温でも耐えられる物質は、この結合水をうまく使っています。また、細胞膜のイオンチャネルは、水和しているイオンを認識します。このように、タンパク質などの分子は、かなりガッチリと水と相互作用しているのです。

細胞の毛も、縛られた世界で運動しています。一見、泳ぎが似ている精子とウナギに対する水の影響を比較してみましょう。精子の長さは数十マイクロメートル、ウナギやウツボは50センチメートルから1メートルです。この大きさの違いで、水から受ける影響が大きく違ってきます。慣性と粘性のどちらの影響を受けるかを知る指標「レイノルズ数」は、ざっと計算すると、精子では10^{-3}、ウナギでは10^{7}ほどになり、両者で1億倍の違いがあります（図6・3）。

つまり、精子は慣性の影響をほとんど受けず、ドロドロの粘性抵抗の中で常に動いているということになります。後ろに流体（水）を動かすことによってのみ前に進む推進力を得ます。だから、鞭毛が動きを止めてしまうとその場で運動が止まってしまいます。

一方、ウナギは動きを止めても、しばらく進みます。「慣性」の影響を大きく受けているからです。おおむね、1ミリメートル以下（レイノルズ数で1以下）のものは、慣性の影響を受けず、粘性抵抗で進みます。潜水艦を作るのと、水中マイクロマシンを作るのでは、状況がまったく異なってくるのです。

進化における繊毛 vs. 筋肉

高速運動を行う生物の運動装置で主要なものは、繊毛と筋肉です。筋肉を使う生物の中には、例えば昆虫の飛翔筋のように、数百ヘルツ（1秒間に振動する数）で筋肉を振動させるものもいます。骨格筋の単位は筋原繊維です。骨格筋は、筋原繊維を束化した筋繊維をさらに束化させていき巨大化させました。

繊毛も数十ヘルツで運動できます。しかし、繊毛を使って大きな体を移動させることはできません。繊毛の9＋2構造はある程度長くすることはできますが、それを太くすることは、後述のクシクラゲ類を除き、困難だったのでしょう。

カニやエビは殻（外骨格）であるキチン質に覆われ、体から運動する繊毛をなくしてしまいました。外骨格の内側には発達した筋肉があり、運動に用いられます。付属肢の一部が遊泳脚になっているガザミなどは、不器用ながら泳ぐことができます。ジェット噴射で移動するイカなども、移動には筋肉を用います。生物が巨大化すると、水中での遊泳にも大きな力が必要で、その場合には筋肉が有利になったと想像されます。

魚は、骨格筋を使って、尾びれを高速で往復させてマクロの流れを起こします。この高い推進力により、流れに逆らって自由に進むことができます。ただし、繊毛はなくなってしまったわけではありません。魚の嗅覚上皮や腎臓などでは、繊毛がミクロの流れを起こしています。

原始的な単細胞の真核生物にさかのぼってみましょう。これらには、それほど高速ではない運動が見られます。例えば、ユーグレナや、アメーバ（鞭毛細胞）などです。これらの場合には、鞭毛による運動とともに、筋肉のタンパク質であるアクチン‐ミオシン系による移動も見られ、鞭毛運動と共存しています。もちろん、大型の体を動かすための骨格筋はありません。

このように、運動の初期の進化の過程では、細胞の運動装置としてアクチン‐ミオシン系と鞭毛・繊毛は、絶えず試行錯誤によって選択されてきたのかもしれません。やがて、マクロな運動を行うのに有利な骨格筋が現れて、ある程度大きくなった動物の体を動かす主要な運動装置になりました。繊毛は、精子のような小さな細胞や、体内の組織上皮の周りに流れを起こす運動装置として引き継がれてきたのでしょう。

プランクトンの世界

プランクトンはそれ自体では流れに逆らって泳ぐことができない、海に漂う生き物の総称です。ある程度大きなサイズのものは、ゼリー状の物質を分泌したり、体を平たくして表面積を広げ、浮力を受けやすいようになっています。プランクトンは小さな生き物というイメ

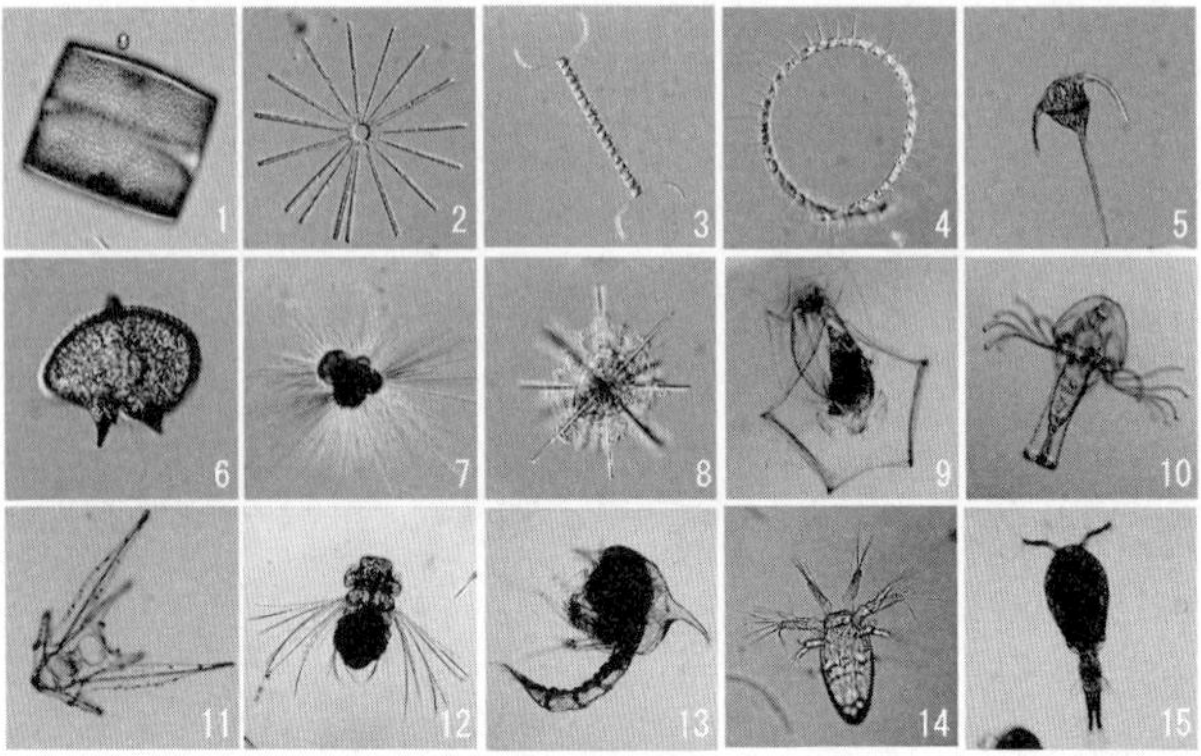

図6・4　さまざまな海洋プランクトン。珪藻(1-4)、渦鞭毛藻(5-6)、有孔虫(7)、放散虫(8)、クラゲの一種(9)、箒虫の幼生(10)、ウニの幼生(11)、ゴカイの幼生(12)、カニの幼生(13)、カイアシの幼生(14)、カイアシの一種(15)。

ージですが、大きいものではオビクラゲ(有櫛動物)や管クラゲ(刺胞動物)のように、1メートルを超えるものもいます。群体を作って大きくなっている場合も多くあります。

プランクトンネットで採集してきたプランクトンを顕微鏡で観察しはじめると、私は時がたつのを忘れてしまいます。それほど楽しいのです。

何が楽しいのか。一つはいろいろな形や輝きを持つものが視野の中に広がっていることです(図6・4)。さまざまな系統の生物を一度に目にすることができます。そして、あまり目にすることのない生物に偶然出会うことがあります。

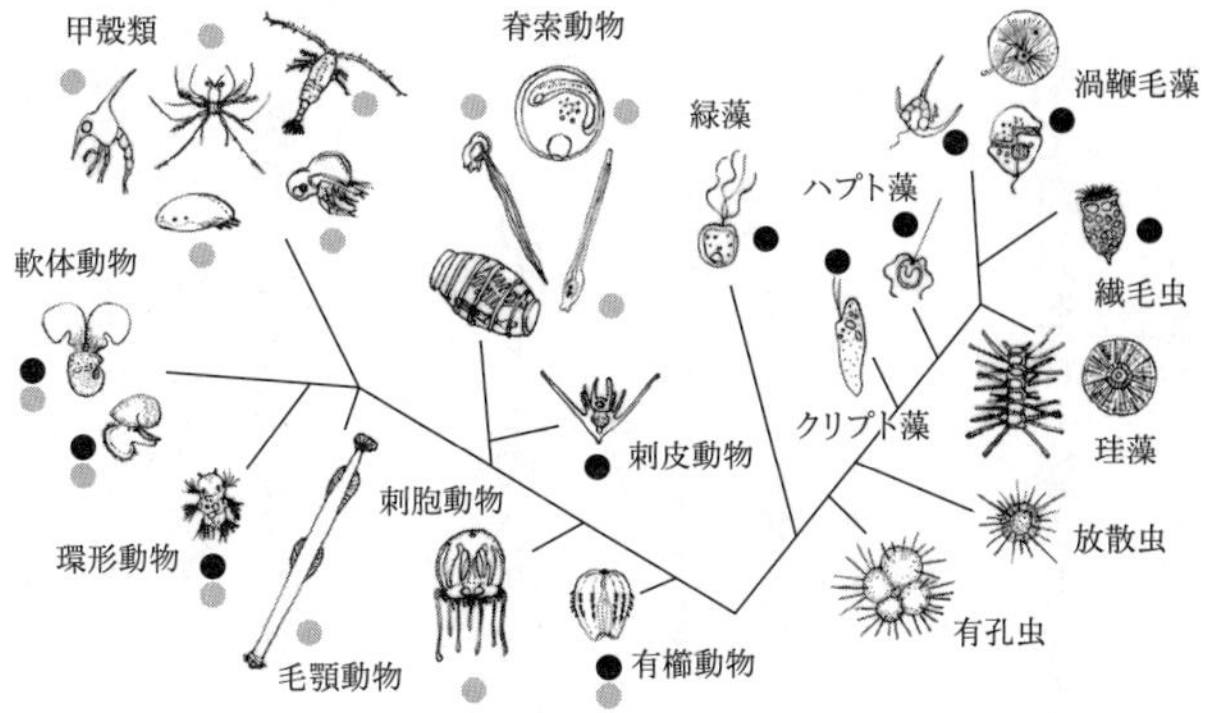

図6・5　プランクトンの系統と運動。主に繊毛で動くものを黒丸、筋肉で動くものを灰丸で示す。印のないものは目立った遊泳を示さない。

楽しいことのもう一つは、視野の中でひときわ激しく動いているプランクトンがいることです。倍率が数倍の実体顕微鏡でのぞくと、節足動物であるカイアシ類や小さなクラゲ、ヤムシ（毛顎動物）、オタマボヤ（脊索動物）などの大きなプランクトンが動いています。これらの運動器官はいずれも筋肉です。

もう少し倍率を上げると、二枚貝や巻貝のベリジャー幼生や、ゴカイのネクトケータ幼生もかなりの確率で観察することができます。これらも、生まれてから時間が経過した後期のものは、体表面の繊毛が動いている様子もわかりますが、筋肉を使って体全体をくねらせたり、体の一部を引っ込めたり出したりします。しかし、初期の幼生は繊毛を用いて遊泳しています。

さらに倍率を上げると、比較的大きな藻類や渦鞭毛藻、さらに200倍から500倍ほどに上げると、微細藻類やバクテリアまでが見えてきます。ここでも、小さなものほど、体の移動に鞭毛や繊毛に依存する傾向が強くなるのがわかります（図6・5、前ページ）。

6・3　海の生き物と細胞の毛

海の生き物を見ると、繊毛を巧みに使って生活している様子を見ることができます。ここでは、いくつか例を挙げて、繊毛を用いたミクロの流れがどのように海の生物の生活に役立っているのかを見ていきましょう。

毛で流れを作り濾過して食べる

動物の餌の種類やとり方のことを食性と呼びます。肉食や植物食などです。海には、海水

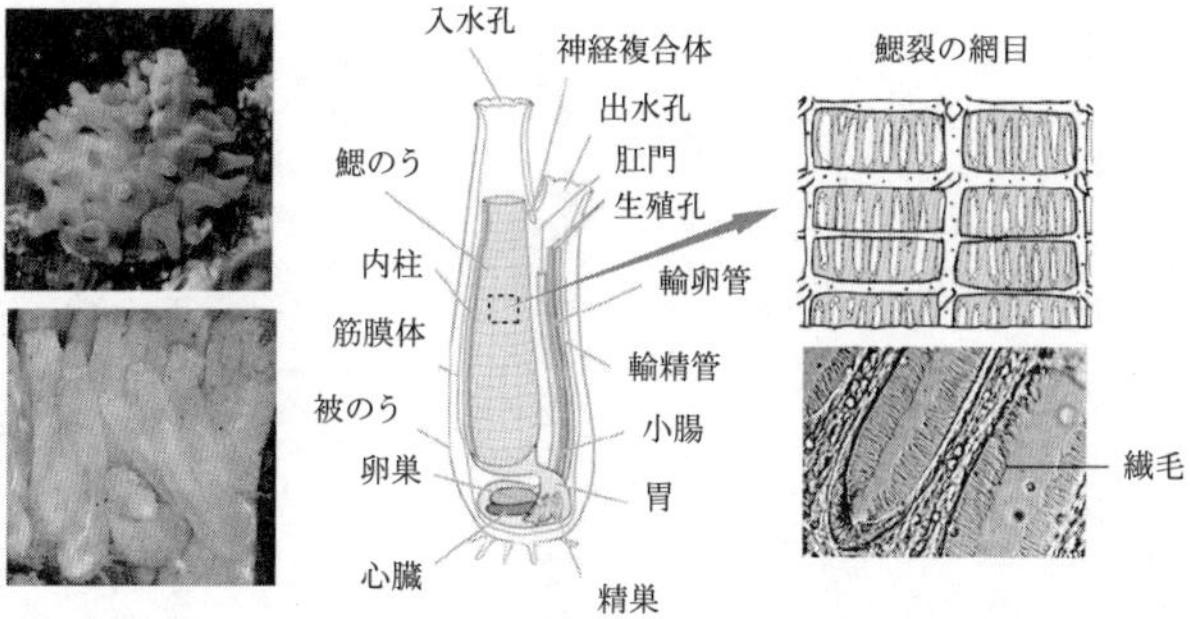

図６・６　ホヤの鰓のう。（左）上はマボヤ、下はカタユウレイボヤ。（右）カタユウレイボヤの鰓のうの網目構造と繊毛。

からプランクトンなどを濾し取って食べる生き物がたくさんいます。この方法が濾過摂食です。クジラのような大型の動物も、口から大型のオキアミなどを吸い込み、口内の鯨ひげで濾し取っています。イワシなどは口や鰓蓋《えらぶた》から海水を吸い込み、鰓で濾し取ってプランクトンを食べています。

濾し取る道具を体の外に出して、海水中のプランクトンをひっかけて食べているものもいます。環形動物のケヤリムシ、棘皮動物のクモヒトデ類、節足動物のフジツボなどは、放射状の触手や蔓《まん》脚《きゃく》を海水中に広げて餌をとっています。

ホヤや二枚貝では、繊毛が起こす水流により海水を吸い込んで濾過を行っています。ホヤでは、鰓がカゴ状のメッシュになっています。鰓カゴ（鰓のう）に生えているたくさんの繊毛が運動することにより水流を起こして、海水が吸い込まれます（図6・6、前ページ）。その中に含まれる植物プランクトンは、粘液に覆われた鰓カゴでトラップされます。粘液は、脊椎動物の甲状腺の原型と考えられている内柱という器官から分泌されます。内柱では、長さや繊毛打の速さが異なる繊毛の運動によって、分泌された粘液を効率よく鰓カゴに送り出し、消化器官に運搬していきます。

二枚貝の毛が生み出す驚異の濾過能力

刺身文化のない欧米で唯一、カキが生で食べられることは、和食がないと元気が出ない私にとって海外に行くときの大きな救いです。カキの味は十分な栄養分を含む水質と、それに育まれたプランクトンが決め手だといわれます。

カキは1日に200リットル以上の海水を吸い込み、その中のプランクトンを餌にしています。吸い込む水流を発生するのは鰓の上皮に生えている無数の繊毛です（図6・7）。繊毛は新鮮な海水を吸い込み、その中から餌を濾し取り、さらにそれらを口に送り込むために、3種類の繊毛列が方向性を持って効率よく配列しています。珪藻で薄茶色になった水

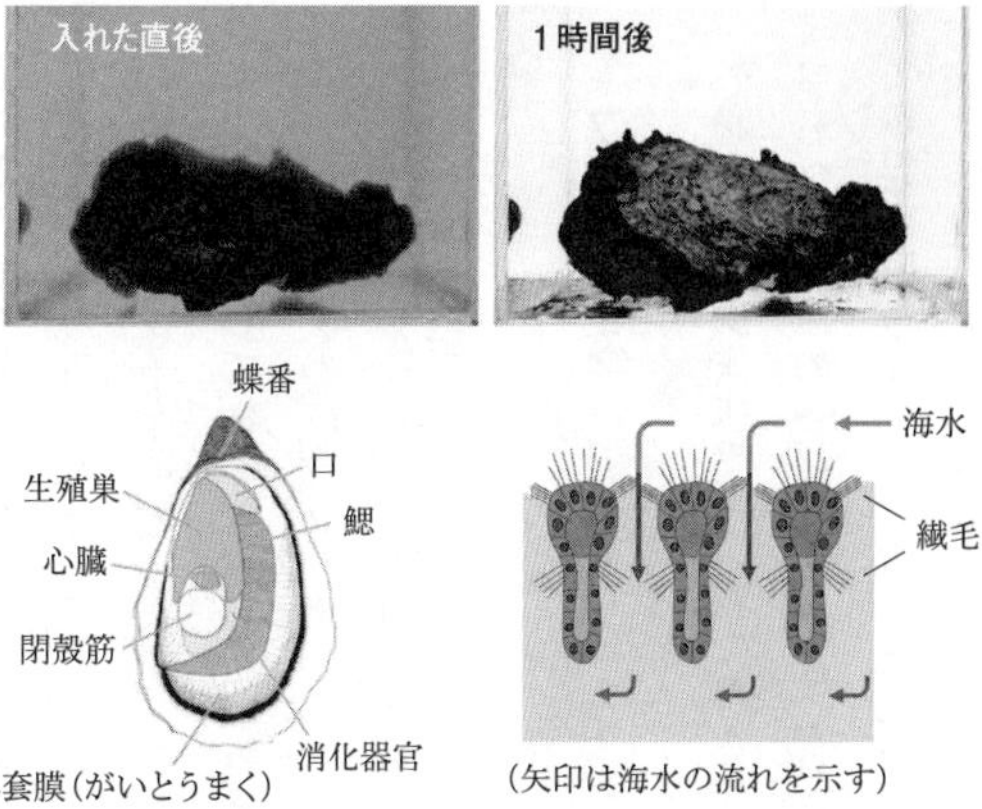

図6・7　（上）カキの濾過作用。珪藻で濁った海水が1時間もすると透明になる。（下）カキの体の構造と鰓繊毛の濾過作用。

槽にカキを入れておくとあっという間に海水が透明になります。カキの鰓の濾過能力、つまり繊毛の力がいかにすごいかがわかります。カキを食べて下痢になったり吐いてしまったりするのは、カキが持つ細胞の毛のフィルター機能があまりに優れていて、季節によっては海水中に含まれる有毒な渦鞭毛藻や細菌、ウイルスも濾し取って、体にためてしまうためです。

アサリを塩水に入れると、ベロみたいなものと2本の管が見えると思います。ベロみたいなところが足で、2本の管は入水管と出水管です。カキは岩に付着して生活し砂に潜る必要がないので足は退化していますが、アサリは足で砂を掘りながら潜っていき、最後には砂の中に殻ごとすっぽり埋もれ、入水管と出水管だけ外に出しています。

足は筋肉が発達していて、その筋肉の収縮・弛緩と貝殻への水の出し入れで潜る力を得ます。ただし、意外と知られていないのですが、足の表面にはびっしり繊毛が生えていて、細かい砂などの粒子を運搬します。これが砂に潜るのを助けているという考え方もありますが、砂の中に懸濁している栄養分を取り込む懸濁物摂食を行っているとか、逆に貝の中にたまった砂をかき出すのに役立っていると考える研究者も多いようです。体の表面の繊毛は、ヒラムシなど、多くの海の生き物のほふく移動の手段として役立っています。

ウニの歩み

ベントス（底生生物）は底で暮らす生き物のことです。棘皮動物であるウニやヒトデ、ナマコもベントスの一員ですが、これらは小さな多数の足を持っています。管状になっているので管足《かんそく》と呼びます。一本一本の管足はゴム風船のようになっていて、内部から水圧で押されることにより管足が伸びます。管足の先端は吸盤状になっていますが、固着したウニを無理やりはがすと、管足がちぎれてしまいます。管足の接着はそれほど強いのです。

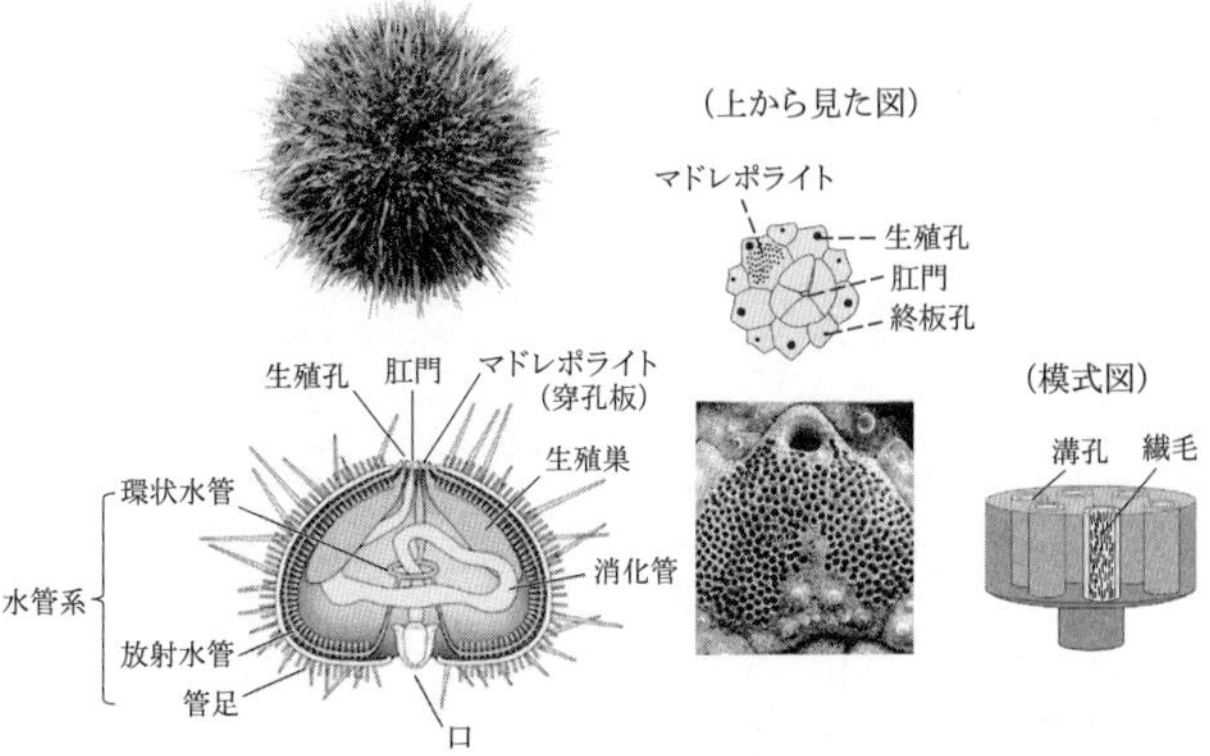

図6・8　ウニのマドレポライトと水管系。写真はバフンウニ。マドレポライトの走査型電子顕微鏡写真は田守正樹博士提供。

どのようにして水圧がかかるのでしょうか。ウニの体の中では、すべてのゴム風船は管でつながっていて、水管系を作っています（図6・8）。その元栓ともいえる、海水を取り入れる部分がマドレポライト（穿孔板または多孔板）と呼ばれる構造です。マドレポライトは多孔になっていて、それぞれの穴には柔らかいチューブが通っています。

東大三崎臨海実験所の助手の頃、実験所に常駐してマドレポライトを研究していた田守正樹博士の名前にちなんで、このチューブのことを「タモリチューブ」と呼んでいました。タモリチューブは、チューブ自体の収縮に加え、壁に生えている繊毛が水流を調節しています。無数の管足の動きの源である水流や水圧を作っているのが、タモリチューブの中の繊毛運動なのです。細胞の毛は、いろいろな方法で海の生き物の命をさまざまに支えています。

サンゴ表面の渦巻

地球温暖化などによるサンゴの白化で、地球上のサンゴ礁生態系が失われている現状は、しばしば耳にすると思います。サンゴは、クラゲやイソギンチャクと同じ刺胞動物の仲間で、触手を使ってプランクトンを食べていますが、それほどプランクトンが豊富でなくても生きていけます。それは、褐虫藻《かっちゅうそう》という渦鞭毛藻を共生させているからです。

渦鞭毛藻は２本の鞭毛を持つ単細胞の真核生物で、プランクトン採集でもいろいろな種類を捕まえることができます。褐虫藻は、サンゴがプランクトンを消化した排出物や呼吸で排出された二酸化炭素を得て光合成を行い、そこでできた酸素やグルコースなどの炭水化物をサンゴに渡しています。褐虫藻が逃げてしまうと、褐虫藻の色が消え、白化が起こります。

褐虫藻は、サンゴが出す緑色蛍光に寄っていくことで共生していくとされています。サンゴに取り込まれると、褐虫藻は鞭毛をなくします。逆に、サンゴが弱ってくると、もはや栄

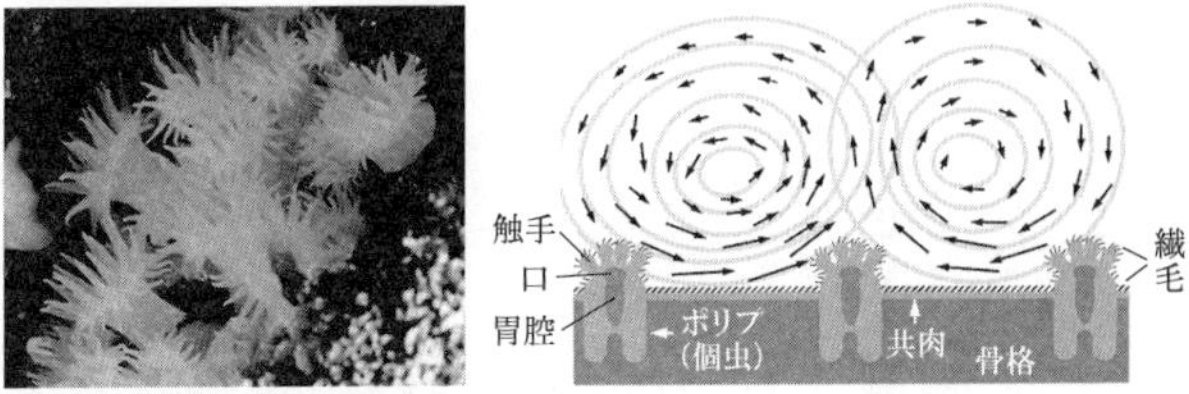

図6・9　（左）キサンゴの一種。（右）サンゴの繊毛により作られる渦。矢印が長い方が水流が速い。

養分を譲り受けなくなるため、褐虫藻は鞭毛を生やして外へ逃げていきます。そのため、サンゴの色がなくなり白化が起こります。鞭毛がどのようなタイミングで消えたり生えたりするのかはわかっていません。

サンゴには鰓はありません。体の表面に生えている運動性の単繊毛の運動により、水流を起こしています（図6・9）。特に、海水の流れが少ない環境では、十分な栄養補給に繊毛の運動が不可欠です。体表の繊毛は、体表近くで水流の渦を起こし、効率的に酸素や二酸化炭素、栄養の運搬を行っています。これは、サンゴが褐虫藻に依存して生育し、骨格を形成する上で不可欠であることがわかっています。

また、サンゴは粘液を分泌して体をバクテリアなどから守っています。この粘液はサンゴ礁にすむ他の生き物の餌となっています。繊毛による効率的な攪拌《かくはん》は、粘液の流れや入れ換えを効率よく行う上でも役立っていると考えられています。

共生関係はサンゴ以外にも多くの海洋生物で見られます。腸の中の細菌が「腸内フローラ」として人体に良い影響を与えているように、バクテリアの共生は私たちヒトにも欠くことができません。面白い例では、発光器官に発光バクテリアを共生させ、光ることができるハワイミミイカがいます。生まれたばかりのイカには2種類の粘膜繊毛が生えていて、この2種類の長さの繊毛を巧みに使って、大きな粒子は追いやってしまい、発光性バクテリアのみをリクルートする仕組みがあるのです。成体になるとこの繊毛領域は消えてしまいます。共生が成立する過程を詳しく研究することは、気管におけるバクテリアやウイルスの感染などを理解することにもつながると思います。

虹色にかがやく繊毛おばけ

とりわけ巨大な繊毛を持つ生き物がいます。それが、クシクラゲ（有櫛動物）です。お椀状のクラゲとクシクラゲはもともと腔腸《こうちょう》動物として同じ仲間であるとされてきました。クシクラゲは、メソグレア（中膠《ちゅうこう》）と呼ばれるゼリー状の間質を持つ点ではクラゲと同じです

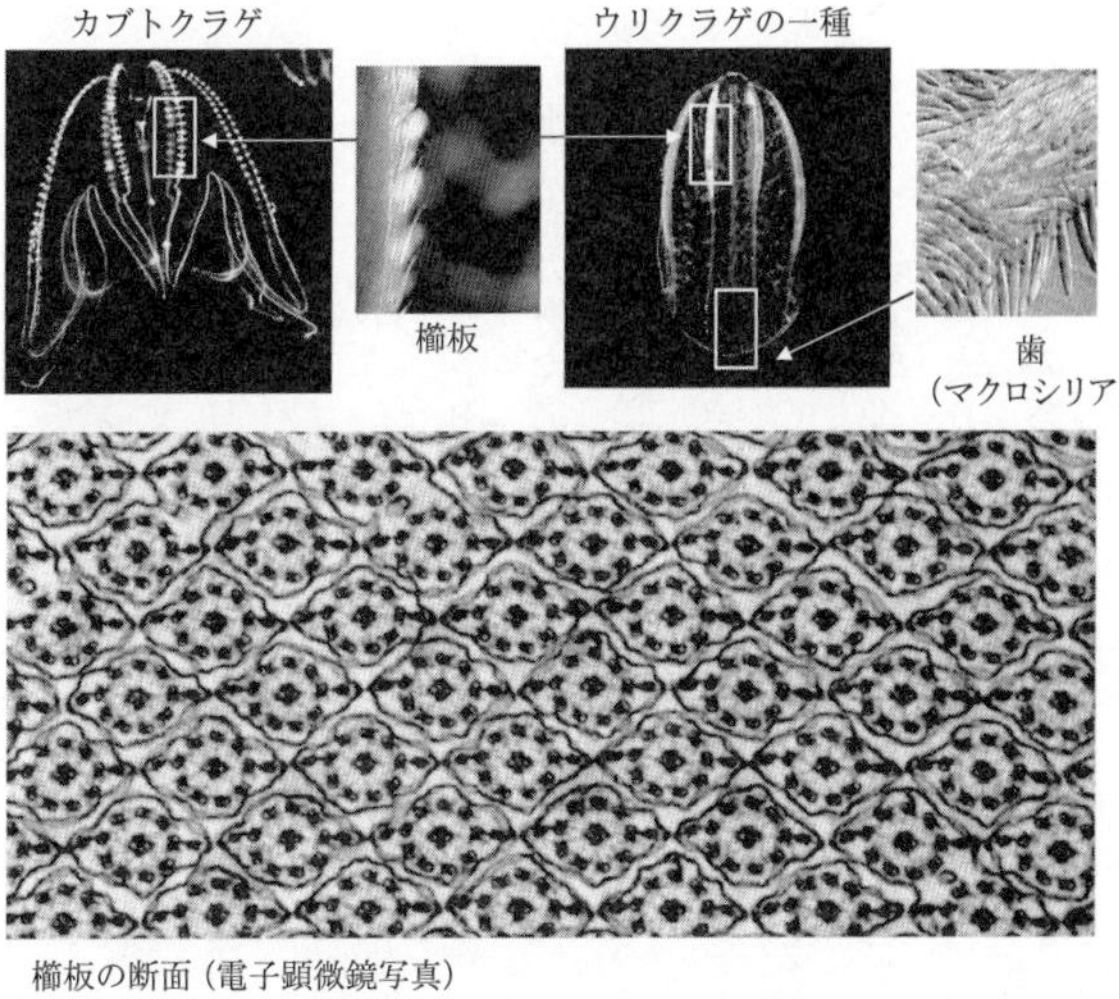

図６・10　クシクラゲの巨大複合繊毛。特徴的な巨大繊毛であるカブトクラゲの櫛板とウリクラゲの歯（マクロシリア）を示す。写真は藤原英史氏、城倉圭博士提供。

が、体の構造上の基本的な形、つまり体制などで異なる点が多くあります。今では、クラゲは刺胞動物、クシクラゲは有櫛動物と、別の動物門として分類されています。

さて、私が東大三崎臨海実験所の助手だった１９９０年頃、動物学の冬の実習は、とりわけ楽しいものでした。それは風と波に乗って珍客が流れ着くからです。珍客とはクシクラゲのことです。「ビーナスの帯」という学名がついているオビクラゲや、優雅に羽ばたくように泳ぐチョウクラゲも実験所の桟橋から採集できました。クシクラゲは虹色に光り輝く「櫛板《くしいた》」という構造を共通で持ちますが、これは繊毛が数千本も数万本も束になった構造です（図6・10、前ページ）。繊毛が規則正しく密に並んでいるので、光が当たると干渉により構造色が出るのです。孔雀やモルフ蝶の羽、タマムシなどと同じ原理です。虹色に光りながらゆっくり漂う様子は水族館でも人気のようです。クシクラゲは繊毛を遊泳に用いる最大の生物です。櫛板以外にもあちこちに複合繊毛が見られます。その美しさに魅了され、これをいつか研究したいと思ったのもそのときです。

２００４年に下田臨海実験センターに移り、研究員の柴田大輔博士に協力してもらい、全国の水族館の方々にもいろいろ聞きながら、カブトクラゲの採集と飼育からはじめました。10年ほどして、大学院生の城倉圭博士も入ってきて、研究が大きく進みました。私たちは、繊毛どうしをつなぎとめる櫛板に特徴的なタンパク質を複数つき止めましたが、それは有櫛動物にしか存在していません。そのタンパク質がないと正常な波を作ることができなくなり、クシクラゲは前に進めなくなります。巨大になった複合繊毛では、レイノルズ数は通常の１本の繊毛のときよりも大きくなっています。繊毛どうしをつなぎとめて力学的に強くすることが必要だったのでしょう。

一つ大きな謎が残っています。それは、なぜ巨大繊毛である櫛板が透明なのかということです。櫛板は、光の角度で構造色が現れて虹色に輝きますが、それ自体は透き通っています。精子の鞭毛は、溶液の中では散乱して白く見えます。もし、櫛板だけが白く目立ってしまうと、8列ある櫛板が捕食者から見えてしまいます。この透明化の仕組みには、これまで明らかにされていない、重要な原理が隠されているのではないかと思っています。

6・4　ミクロの毛から海洋生態、環境問題へ

繊毛の環境応答と幼生の分散

海の中で浮遊する生き物を細胞の毛から見ていくと、その生き物たちの不思議な生態についてよくわかることがあります。繊毛が周りの環境変化を巧みに受け取って、食餌や生殖を効率よく行っているのです。

ウニや貝など多くの海産無脊椎動物の幼生は、しばらくプランクトン生活をしたのち、着底して変態し、成体ではベントス（底生生物）の生活を送ります。幼生のあいだは繊毛を使

って泳ぎ回り、たっぷり植物プランクトンを食べて成長し、変態と着底に備えます。成体では、固着してしまうものがいたり、固着しなくてもあまり運動能力が高くないので、幼生がどこに着底するのかは非常に重要です。

これらの幼生では、光と重力に巧みに反応することが知られています。初期の幼生は、海水面に向かって遊泳する傾向があるのですが、成長が進むと多くは底に向かって泳ぎます。着底直前には、岩の材質やその周りの流速などの機械刺激や、着底場所にいる藻類が出す化学物質により、幼生の走性が制御されます。サンゴ藻《も》（紅藻）からは、神経伝達物質であるＧＡＢＡ（ガンマ‐アミノ酪酸）に似た成分が出され、幼生の行動を制御しているといわれています。また、捕食者、競合相手がいるところには着底しない傾向があることから、着底するのを阻害する忌避物質が存在する可能性もあります。

着底後あまり遠くに移動できない生物でも、幼生が繊毛を使って一定期間プランクトン生活を送ることで、分散して生息域を広げることができるのです（図6・11）。これは、他個体との交雑を促し、過密な生息環境を避け、生息環境が変化して全滅することを回避する意味があります。

海水表面の流れが強いと、あまりに分散しすぎて、繁殖に不利に働くこともあります。そ

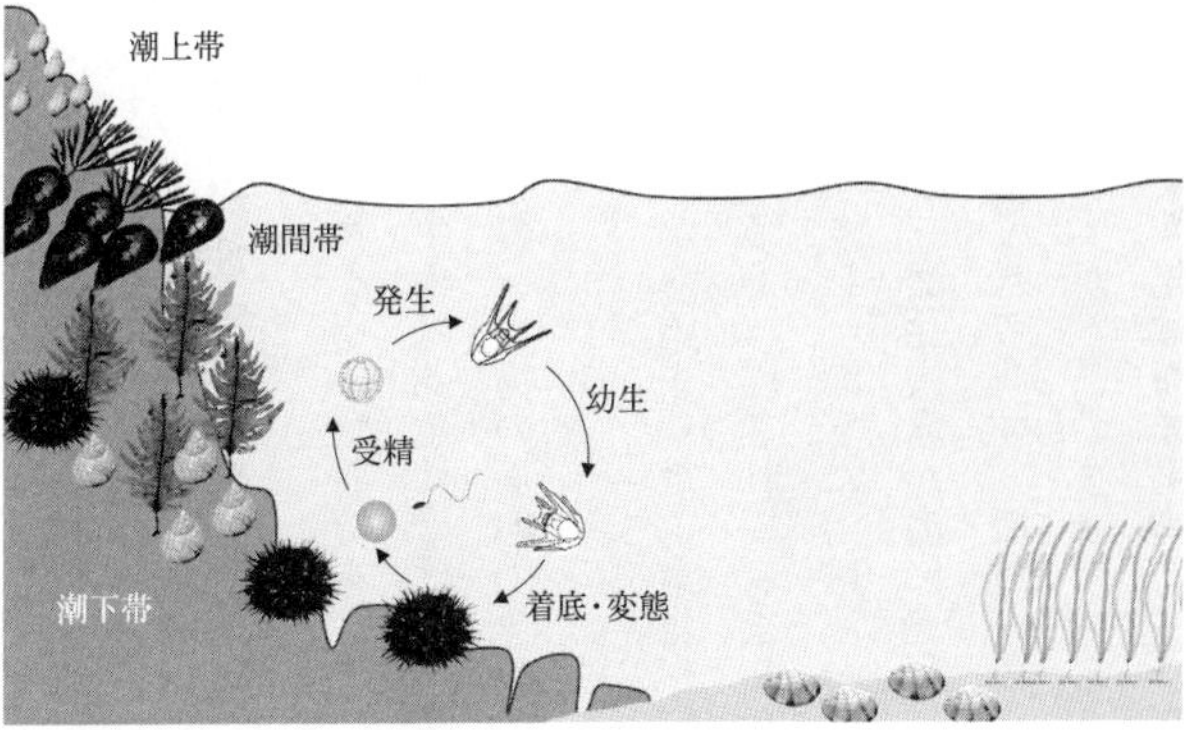

図6・11　プランクトン幼生のベントス生活への移行。

こで、多くの生物では、潮の満ち引きに合わせた放卵、放精、および幼生の分散を行うことが知られています。また、沿岸の固着生物は帯状に分布していますが、このことからも、幼生が潮汐に合わせた変態と着底を行っていることがわかります。

　幼生の繊毛は、重力や光でも運動が変化します。それらを感知するのは、平衡器と眼点です。脊椎動物の耳と目に相当します。ゴカイ（環形動物）の幼生には、体の前方の腹側に2個の眼点があります。片方の眼点に光を当てると、神経を介して繊毛運動の速さや波形が変化し、幼生はらせんを描いて光に向かいます。

　このように、細胞の毛は、環境に応答しながら、海の生き物たちの多様な生き方を生み出しています。海の中の環境が変わると、生き物の生活に与える影響は非常に大きいでしょう。

海洋酸性化と繊毛

海の生き物を用いた研究をしていて、どうしても気になることがあります。海洋環境の変化に対して生物はある程度は順応性があり、生態系は保たれていますが、現在、主に人間の活動によって、生物の適応力を超えた変化が起こっています。それが、地球温暖化や海洋酸性化です。

産業革命から始まった工業化や資源開拓などの人間の活動により、温室効果ガスである二酸化炭素が多く放出されてきました。増えた二酸化炭素は、植物や藻類の光合成の材料として使われますし、海水に溶け込んでも、海水にはある程度の緩衝効果があります。

しかし、二酸化炭素が海に過剰に溶け込むと、もはや平衡を保つことができなくなり、海水のpHが低くなります。これが海洋酸性化です。海水は従来、pHが８から８・３程度の弱アルカリ性ですが、このままですと、１００年後は７・６近くまで低下すると予測されています。海洋酸性化は海洋生物にさまざまな影響を与えます。

最も顕著なのは、炭酸カルシウム骨格を持つ貝類などの生き物や幼生などです。酸性化により、海水中で炭酸カルシウムの結晶ができにくくなり、貝殻が正常に形成されなかったり、溶け出したりします。低pH海水を用いた実験により、これら以外にも多くの生理現象が異常になることが予測されています。個々の生物の活動は、さまざまな生物の食物網や物質循環の土台になっているため、酸性化した将来の海では、生物多様性が失われ、現在のような豊かで美しい海の世界は消えてしまうと考えられています。

筑波大学の下田臨海実験センターの生態学チームが、式根島に「CO_2シープ」と呼ばれる場所があることを発見したことをきっかけに、私は海洋酸性化の研究に参加するようになりました。CO_2シープ研究のパイオニアであるイギリス・プリマス大学のジェーソン・ホールスペンサー博士とも共同研究が始まりました。

CO_2シープとは、海底火山活動により海底から二酸化炭素が噴き出しているところです。そのような場所では、噴出場所から放射状にpHの勾配ができており、しかも長い時間がたっているため、さまざまなpHにおける海の変化を知ることができます。実験室では、個々の生物へのpHの影響しかわかりませんが、CO_2シープでは、海洋生態系まるごとに対する酸性化の影響を知ることができます。

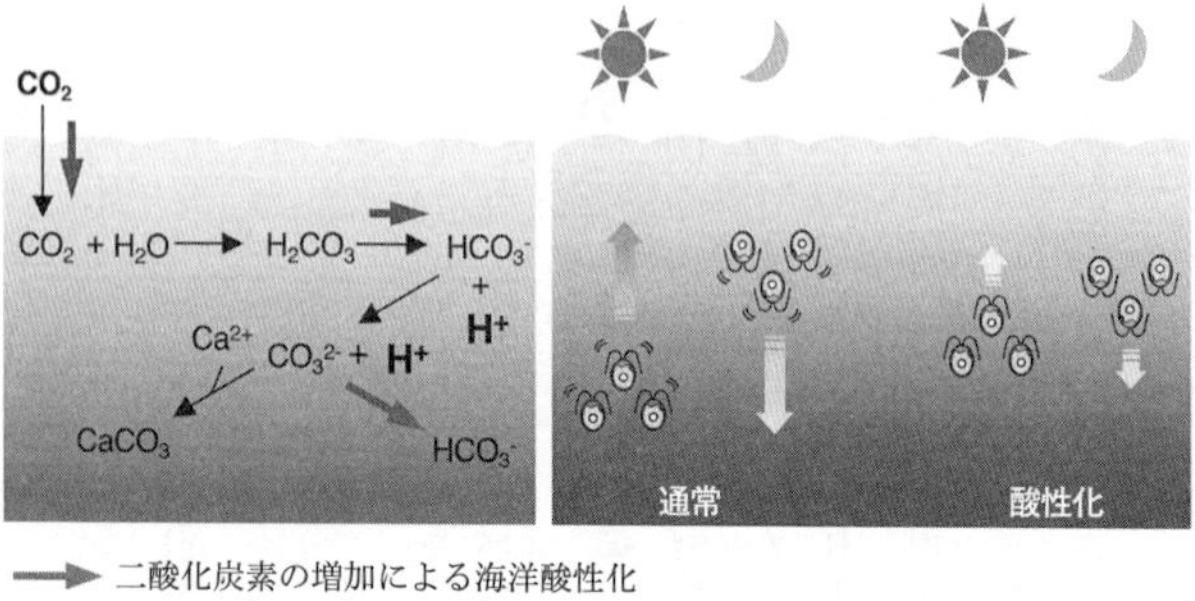

図6・12　（左）二酸化炭素が過剰に溶け込むことにより起こる海洋酸性化。（右）海洋酸性化が単細胞緑藻類の運動に与える影響。酸性化により単細胞緑藻類の走光性や沿直分布がおかしくなる。

酸性化はミクロのレベルでもいろいろな支障を及ぼします。繊毛も例外ではありません。通常の海水よりも低いpHの海水では、ウニ精子の鞭毛運動が低下することや、幼生の繊毛運動が異常になることが報告されています。また、海洋酸性化により魚類の中枢神経系がおかしくなり、行動が異常になるという報告もあります。感覚繊毛への影響が考えられます。

最近、中国の厦門大学のグループを中心に、単細胞の藻類の運動に対する海洋酸性化の影響を長期的に観察した研究が報告されました（図6・12）。私も少しだけ研究に協力しました。

単細胞の緑藻類を酸性化条件に長期間飼育しておくと、光の刺激に反応して起きる走光性などの鞭毛調節機能が低下することや、鞭毛そのものがなくなってしまうものが増える傾向があることがわかりました。運動を調節する遺伝子や鞭毛形成に関わる遺伝子など、遺伝子レベルでも変化してしまいます。これは、酸性化が長期で続くと、植物プランクトンを底辺とする海洋生態系がおかしくなってくる危険性を示しています。藻類の鞭毛のみでなく、精子や、脳、気管といった上皮細胞など、すべての細胞の毛が異常になってしまう可能性も示しています。

地球温暖化と海洋酸性化は、ミクロからマクロに至るまで、生き物に幅広く影響します。海水と接している細胞の毛は、この影響を直接受け、それぞれの生物の生存や、食物網、生態系へとつながります。すでに、CO_2シープの付近では生き物の多様性が失われて数種の生物からなる単純な生態系になってしまうこともわかっています。いろいろな生き物がいる豊かな海を守るためには、すべての人が一丸となって対策を打たなくてはなりません。私は細胞の毛を調べるほど、その必要性を強く感じます。

生物の大量絶滅

生物が誕生してから、これまで生物の大量絶滅が何回も起こったことが化石などの証拠からわかっています。中でも特に大きかったものとして5つ知られていますが、その中でも2億５０００万年前（Ｐ‐Ｔ境界）のものと６５００万年前（Ｋ‐Pg境界）のものが他の大量絶滅に比べて大規模で起こりました。

特に2億５０００万年前のＰ‐Ｔ境界の大量絶滅は海産生物に大打撃を与えました。また、Ｋ‐Pg境界の絶滅では、プランクトンに大打撃があり、食物網を介して、やはり海産生物全般に大きな打撃を与えたとされています。これら二つの生物大量絶滅は、巨大隕石の衝突や火山活動など、さまざまな可能性が報告されていますが、最近の研究では、直接的な原因が海洋酸性化であったのではないかといわれています。

私は、精子や単細胞生物といった、直接海水にさらされる細胞の毛の運動は、海洋生物の長い歴史の中において少なからず、このような生物の絶滅と進化をミクロの世界で支配してきたのではないかと考えています。

いま地球上に生きている生物は、長い地球の歴史の中で、このような大量絶滅を凌《しの》いで、地球の生命の多様性を豊かにし、生命の星を維持しています。科学の進歩により、次に起こる大規模な隕石の衝突を避けることができるようになるかもしれません。

しかし、地球温暖化や海洋酸性化といった、人類の活動の結果起きてしまう現象は、科学の力をもってしても、避けることは難しいと思います。それは、戦争や核開発が止まらないこととも似ています。高度に神経を発達させたヒトでさえも、愚かなことをやってしまいます。生物のテリトリー争いや社会性といった本能が優ってしまうということでしょうか。今、世界が協力して二酸化炭素を減らそうとしています。しかし、経済発展を重視し協力しない国々も出てきます。そうしている瞬間瞬間に、絶滅していく海の生き物が何種類いるのでしょうか。

環境は細胞の毛のように繊細

わずかな気温の上昇や温室効果ガスの増加は、人間から見れば大きな変化ではないように見えるかもしれません。しかし、それは小さな海の生き物の小さな細胞の毛に深刻な影響を与え、命を脅《おびや》かします。そうして現在の生物の多様性は失われ、人間の生存にも大きな影響を与えていくのです。生物は、繊細な細胞の毛の働きによって生かされる存在であることがわかれば、わずかな環境変化がどれほど大きな影響をもたらすかを察することができるはずです。

私たちが見ている生き物や自然は大きいものばかりです。しかし、地球に暮らす生物のほとんどはヒトよりも小さく、ミクロの世界で生きている生き物です。また、私たちの体を作っている細胞も、とても小さなものです。さらに細胞は、細胞の毛のようにもっと小さなものからできています。このようなミクロのものが、私たちが見ているマクロの自然を作り出しています。

マクロの世界とミクロの世界では、例えば水中のレイノルズ数が異なるなど、物理的な状況が異なります。しかし、生き物においてミクロの世界とマクロの世界は一つの線でつながっています。海という大きな世界でも、その中の生き物は網の目のようにつながっています。ミクロの世界で何か大きな変化が生じれば、それは必ずマクロの世界に変化を及ぼします。その現象の因果関係を知ろうと思えば、ミクロの世界を見て理解することがどうしても必要になります。

環境問題を考えるには、マクロの視点だけでなく、ミクロの視点からも自然を捉えることが重要です。そうすることで、ミクロの世界の仕組みがマクロの世界を動かしていることを知ることができるのです。この自然は、とても繊細です。多種多様な生物や環境が組み合わさることで、自然に起きる多少の変化を吸収できます。しかし、大きな変化には対応できません。

私たちを支えるミクロの世界は壊れやすい世界でもあります。もし壊れてしまったら、新たな生態系や自然が出来上がるのには気の遠くなるような時間がかかります。

今のミクロの世界はとても美しく、とても不思議で、謎がたくさんあり、今の自然を支え、結果的に人間社会を支えています。

この本を読んで、ミクロの自然の世界からマクロの自然の世界を見る視点を持っていただけたとすれば、うれしく思います。

おわりに

今から約5000年前、メソポタミアの人たちによって星座が生まれたといわれています。その頃メソポタミアの人が見た星空とほとんど変わらない星空を、いま私たちは見ています。そして、その頃の人たちが見ていた生き物と、ほとんど変わらない生き物を私たちは見ています。ただ、その頃に普通にいた生き物のいくつかは絶滅してしまって、もう私たちは目にすることができません。その頃の人々はどのような気持ちで星空を、そして生き物を見ていたのでしょうか。

本書のテーマである「細胞の毛」は、もちろんすでに5000年前にありました。それどころか、20億年前からほとんど姿を変えずに私たちの体の中にあるのです。しかし、メソポタミアの人たちは、この毛の存在は当然知りませんでした。というよりも、つい最近、35

0年前までは、これらの毛を見た人はいなかったのです。私たちは小さなものを見る顕微鏡という道具を手にしました。そして、その道具は、ほんの短い間に、分子を見るところまで進化してきたのです。

生命、人類の歴史といった長い時間軸を考えると、私たちはほんの一瞬しか生きることができません。とてつもなく大きな宇宙の中では、私たちはとてもちっぽけな存在です。ときにこのような孤独を感じるのは、皮肉かもしれませんが、サイエンスの発展があったからかもしれません。私たちは、果てしなく無限であると思っていた宇宙に限りがあることや、人類が長い生命の進化をへて生まれてきたことを知るようになりました。目で見えないミクロの深い世界も知るようになりました。遠く離れた友達と、リアルタイムで顔を見ながら笑って会話できるようになりました。

サイエンスは、人間の世代をまたいで積み重ねられ、過去から現在、そして未来へとつながっていきます。私たちが継承して、ずっと生き続ける糧《かて》となります。ですから、有意義な人生を過ごすためにもサイエンスに親しむことを勧めます。音楽も芸術も文化も、すべて「科学すること」、すなわちサイエンスです。それは、人間が探求し、人生を豊かにするものです。そして、応用の仕方を間違えなければ、人類の将来に希望を与えます。

もし、この本を手に取ってくださった方が若い人であれば、「あなたには無限の可能性がある」と言いたいです。科学者になれ、とは言いませんが、ぜひ「科学すること」を毎日やってほしいと思います。そうすることで、無限の可能性が花開くはずだと、私は思います。ただ、同時に、若いときはいろいろ悩み立ち止まることも多いと思います。アインシュタインのような人もいますが、人間は概して同じことを考えます。

しかし、生まれてから育ってきた環境や感じてきたものが、まったく同じ人はいません。人と違うからといって、くよくよする必要はありません。流行りの歌にもありましたが、一人一人が「オンリーワン」なのです。１００パーセントの自分を発揮できるものが必ずあると思います。ですから、若い人たちには、自分が感じる、思うことを大事にしてほしいと思います。いろんな人と協調することはすごく大事です。しかし、それは同じようにしなさいということではありません。自分が感じるワクワク感、ドキドキ感に気づき、それを大切にしてほしいと思います。

もし、この本を手に取ってくださった方が年配の方であれば、「まだまだ知らない面白いことがたくさんある」と言いたいです。がむしゃらに好きな仕事を長年してきた方、毎日やらなければならないことに追われてきた方、なかなか思うようにできずに悩んできた方。そんな方が、これまで気にもしなかった雑草を、あらためて見てみると、なんて美しいのだろうと感動するかもしれません。自分が知らなかった世界があって、それが少しでも面白いと思ったら、他の人と話したり、自分で調べたりしてみてください。新しい世界が広がり、人生の糧となるでしょう。

本書は、細胞の毛の話ですが、もしもこのことを今までまったく知らない方が、本書を読んで少しでも新しい発見があったらうれしく思います。また、少しだけ知っていた方が本書を読んで、さらに知りたいと思っていただけたらこの上ない喜びです。

本書でも一部触れましたが、これまでお世話になった先生方、諸先輩方、そして縁があって私の研究室で時を共にした同僚や学生諸君、共同研究の皆さんに心から感謝します。皆さんから得た知識や、皆さんと議論することにより得た発想は計り知れません。

本書は科学史の教科書ではないことから、本書で紹介した研究を実際に行った方々のお名前を割愛させていただいたところが多くあります。この点については、何卒、ご容赦いただきたく思います。

最後になりましたが、本書の執筆がなかなか進まないにもかかわらず、絶えずポジティブなご意見をいただき、完成まで導いていただきました光文社編集部の小松現さん、本文の構成や文章について数々の貴重なコメントをいただいたサイエンスライターの宇津木聡史さんに心から感謝いたします。

２０２１年　夏

稲葉一男

参考図書

毛利秀雄監修、森沢正昭・星元紀編『精子学』（東京大学出版会）

毛利秀雄・星元紀監修、森沢正昭・星和彦・岡部勝編『新編　精子学』（東京大学出版会）

毛利秀雄『精子の話』（岩波新書）

神谷律『太古からの9＋2構造』岩波科学ライブラリー（岩波書店）

尾崎浩一・吉村建二郎編『動物の「動き」の秘密にせまる』動物の多様な生き方3（共立出版）

小泉修編『さまざまな神経系をもつ動物たち』動物の多様な生き方5（共立出版）

日本動物学会編『細胞運動』現代動物学の課題1（東京大学出版会）

井上勲『藻類30億年の自然史』（東海大学出版部）

岩槻邦男・馬渡峻輔監修、白山義久編『無脊椎動物の多様性と系統』（裳華房）

酒井治孝『地球学入門』（東海大学出版部）

Kazuo Inaba, Jason M. Hall-Spencer Editors “Japanese Marine Life” (Springer)

Richard C Brusca, Gary J Brusca. “Invertebrates” (Sinauer Associates)

Alan P Trujillo, Harold V. Thurman “Essentials of Oceanography” (Pearson)

Stephen King “Dyneins: Dynein Mechanics, Dysfunction and, Disease” (Elsevier)

Keiko Hirose “Handbook of Dynein” (Jenny Stanford Publishing)

本文写真　著者
図版制作　デザイン・プレイス・デマンド
編集協力　宇津木聡史

稲葉一男（いなばかずお）

1962年、山梨県生まれ。筑波大学下田臨海実験センター教授。静岡大学理学部生物学科卒業。東京大学大学院理学系研究科相関理化学専攻修了。理学博士。東京大学助手、東北大学助教授を経て現職。30年以上、3つのマリンステーションで研究・教育に従事。マリンステーションの国際連携にも長年取り組む。専門は細胞生物学、生殖生物学、海洋生物学。趣味は釣り、自然・天体観察、写真撮影、山菜採り、料理など。共編著に『Japanese Marine Life -A Practical Training Guide in Marine Biology』（Springer）などがある。

毛《け》 生命《せいめい》と進化《しんか》の立役者《たてやくしゃ》

2021年11月30日初版1刷発行

著　者 —— 稲葉一男
発行者 —— 田邉浩司
装　幀 —— アラン・チャン
印刷所 —— 萩原印刷
製本所 —— 国宝社
発行所 —— 株式会社光文社
東京都文京区音羽1-16-6（〒112-8011）
https://www.kobunsha.com/
電　話 —— 編集部03（5395）8289　書籍販売部03（5395）8116
業務部03（5395）8125
メール —— sinsyo@kobunsha.com

落丁本・乱丁本は業務部へご連絡くだされば、お取替えいたします。
 ISBN 978-4-334-04574-6

1146
教養としてのロック名曲ベスト１００
川崎大助

現代人の基礎教養、ロック名曲１００を、これまでにない切り口で紹介・解説。著者の主観・忖度抜き、科学的な手法で得られた驚愕のランキングの1位は？　サブスク時代に最適のガイド。

978-4-334-04554-8

1147
日本のバドミントンはなぜ強くなったのか？
藤井瑞希

近年、なぜ日本のバドミントンは国際大会で目覚ましい結果を残しているのか。ロンドン五輪女子ダブルス銀メダリストの著者が自身の軌跡を振り返りながらその強さの秘密を語る。

978-4-334-04555-5

1148
腸と森の「土」を育てる
微生物が健康にする人と環境

桐村里紗

人の不調と、環境の不調は「土」でつながっている――最も身近な自然環境＝「腸内環境」と心身の関係、日々の食事の選択の重要性と方法を「プラネタリーヘルス」の観点から説く。

978-4-334-04556-2

1149
世間体国家・日本
その構造と呪縛

犬飼裕一

この国を支配する「空気の構造」とは？　そして、他人の目が気になるのはなぜ？　家庭で、学校で、社会で、人の心の中で、世間体はどう作用しているのか。歴史社会学者が多角的に考察。

978-4-334-04557-9

1150
「孤独」という生き方
「ありのままの自分」でいることのできる、自分だけの居場所を求めて

織田淳太郎

自らの体験に加え、孤独な生き方を実践する人たちへの豊富な取材を基に、人間の根源的な欲求を突き詰め、真に「生きる」とはどういうことかを考察する実用的ノンフィクション。

978-4-334-04558-6

1151
ニュースの未来
石戸諭

テレビ、新聞、出版…ニュースを巡る環境が悪化するなか、本当にこれらのメディアに未来はないのか。気鋭のノンフィクションライターが、ニュースの本質とその未来に迫る。

978-4-334-04559-3

1152
「ボヘミアン・ラプソディ」の謎を解く
〝カミングアウト・ソング〟説の真相
菅原裕子

同名映画も大ヒットした「過去１０００年で最も重要な曲」にフレディ・マーキュリーが込めたメッセージとは。膨大な資料をもとに、近年ささやかれている、ある「仮説」を検証。

978-4-334-04537-1

1153
日本の食と農の未来
「持続可能な食卓」を考える
小口広太

食の大部分を海外に依存している日本。国内の農業は高齢化や後継者不足が進み、待ったなしの状況にある。今、私たちは何を考え、行動すべきなのか。「等身大の自給」について考える一冊。

978-4-334-04560-9

1154
新聞記者、本屋になる
落合博

新聞記者であった著者はいかにしてひとり本屋を始めることができたのか。定年目前の58歳、子どもは3歳、書店員経験は0。第二の人生、妻の反対を押し切っての本屋開業記！

978-4-334-04561-6

1155
ルポ コロナ禍で追いつめられる女性たち
深まる孤立と貧困
飯島裕子

臨時休校、おうち時間、休業補償、テレワーク……。コロナ禍で生じた出来事の多くでより深刻な状況に陥ったのは女性だった。その背景にあるものを、当事者への取材から探る。

978-4-334-04562-3

光文社新書

1156

日本のジーパン

林芳亭

米国で生まれたジーンズがいかに日本で独自の発展を遂げたのか？　ジーンズ界の重鎮である著者がジーンズの歴史や、日本における受容のプロセス等「ジーパン愛」を語り尽くす。

978-4-334-04563-0

1157

脳の寿命を延ばす「脳エネルギー」革命

ブドウ糖神話の崩壊とケトン体の奇跡

佐藤拓己

巨大で大食漢な働き者「脳細胞」を長持ちさせる助っ人とは!?　ヒトの脳の発達を可能にしたエネルギーとしてケトン体に注目。認知症・うつを防ぎ健康にも役立つ栄養摂取法を考察する。

978-4-334-04564-7

1158

田舎暮らし~~読~~毒本

樋口明雄

田舎暮らしにスローライフは存在しない！　東京から自然豊かな地方に移住して20年の小説家が満を持して贈る、田舎暮らしのノウハウと闇。本書を読まずして移住するべからず！

978-4-334-04565-4

1159

知ってるつもり

「問題発見力」を高める「知識システム」の作り方

西林克彦

「わからない」を見つけるために「きっちりわからなくなる」には？　ロングセラー『わかったつもり』刊行から16年。今最も求められる「問題発見力」を身につける方法を解説。

978-4-334-04566-1

1160

大下流国家

「オワコン日本」の現在地

三浦展

経済力の低下、人口縮小、ジェンダー格差、メディアの怠慢……この国はどこまで堕ちてゆくのか？　80万部超のヒット作『下流社会』から16年、最新データを基に再び日本を斬る。

978-4-334-04567-8

光文社新書

1161
名画の生まれるとき
美術の力II
宮下規久朗

人間にとって必要不可欠な「美術の力」とは？ 「名画の中の名画」から「美術鑑賞と美術館」「描かれたモチーフ」「信仰と政治」「死と鎮魂」まで。美術史家と読む、美術の本質に迫る55話。

978-4-334-04568-5

1162
野蛮な大学論
酒井敏

大学人よ、学問の本道に戻って野蛮さを取り戻せ！ 「京大変人講座」主宰の京大名物教授が、大学、アカデミズム、教養の本質をズバリ指摘する。豊かな社会のための大学改革論。

978-4-334-04569-2

1163
「問い」から始まる哲学入門
景山洋平

2600年にわたる哲学者の語りあい。そこでは何が問われたのか。なぜ「問い」続けてきたのか――。「問い」の歴史とその意味を知る、不確かな世界を生き抜くための哲学入門。

978-4-334-04570-8

1164
物理学者、SF映画にハマる
「時間」と「宇宙」を巡る考察
高水裕一

フィクションが未来の科学を導く⁉ タイムトラベルから星間飛行まで、物理学者とともに探る一度は夢見たSF世界の可能性。科学の目で見直せば、SF映画はもっと楽しくなる！

978-4-334-04571-5

1165
くじ引き民主主義
政治にイノヴェーションを起こす
吉田徹

民主主義＝選挙ではない。選挙によらない民主主義の形態を歴史的に振り返りつつ、政治参加のための「くじ引き」の可能性を示す。傷ついた民主主義をアップデートする希望の書。

978-4-334-04572-2

1166
なぜ中学受験するのか？
おおたとしまさ

やり方次第で「良薬」にも「毒」にもなるのが中学受験。気鋭の教育ジャーナリストが膨大な取材経験と古今東西の文献から導き出した、中学受験の是非論へのファイナルアンサー。

978-4-334-04573-9

1167
毛　生命と進化の立役者
稲葉一男

えっ!? 脳の中の毛？　ウイルスから守る毛？　CO_2で止まる毛？「細胞の毛」研究三〇年のスペシャリストが、生き物や自然、そして私たちの命を支える驚くべきミクロの世界を綴る。

978-4-334-04574-6

1168
肥満・糖尿病の人はなぜ新型コロナに弱いのか　「糖質過剰」症候群II
清水泰行

新型コロナのパンデミックや病状悪化の要因となると考えられる糖質の過剰摂取。本書では糖質過剰が新型コロナだけでなく数多《あまた》の疾患の原因となる理由を、最新研究を交え伝える。

978-4-334-04575-3

1169
人生を変えた韓国ドラマ 2016〜2021
藤脇邦夫

「愛の不時着」「梨泰院《イテウォン》クラス」「賢い医師生活」「イカゲーム」など世界を席巻するKコンテンツの一つとなった韓国ドラマ。その深い魅力を傑作80選とともに徹底解説！

978-4-334-04576-0

1170
不登校・ひきこもり急増　コロナショックの支援の現場から
杉浦孝宣＋NPO法人高卒支援会

コロナ禍で不登校・ひきこもりの子どもたちは増えただけでなく、可視化されづらくなった。リアルとオンラインを駆使することで前よりもパワーアップした支援現場の知見を学ぶ。

978-4-334-04577-7